Hannelore und Markus F. Weidner

Anerkennung und Wertschätzung

Futter für die Seele und Treibstoff für Erfolg

Hannelore und Markus F. Weidner

Anerkennung und Wertschätzung

Futter für die Seele und Treibstoff für Erfolg

GABAL

Bibliografische Informationen der Deutschen Nationalbibliothek

Die Deutsche Nationalbibliothek verzeichnet diese Publikation in der Deutschen Nationalbibliografie; detaillierte bibliografische Daten sind im Internet über http//dnb.d-nb.de abrufbar.

ISBN 978-3-86936-705-7

Unter Mitarbeit von Dr. Petra Begemann,
Bücher für Wirtschaft + Management | www.petrabegemann.de
Programmleitung: Ute Flockenhaus, GABAL Verlag
Lektorat: Susanne von Ahn, Hasloh
Umschlaggestaltung: Martin Zech Design, Bremen | www.martinzech.de
Satz und Layout: Lohse Design, Heppenheim | www.lohse-design.de
Herstellung: BoD - Books on Demand, Norderstedt

www.gabal-verlag.de
www.twitter.com/gabalbuecher
www.facebook.com/Gabalbuecher

Inhalt

Anerkennung kann Schokolade sein, aber Schokolade ist noch keine Anerkennung 7

1. Anerkennung und Wertschätzung: Futter für die Seele 9

Was jeder sich wünscht und nur wenige geben 9
Wie weiche Faktoren harte Fakten schaffen 14
Anerkennung und Wertschätzung als Treibstoff für Erfolg 20
Kurze Präzisierung der Begriffe 25
Auf einen Blick 30

2. Eine Frage der Haltung: Wertschätzung 31

Wertschätzung: Dem anderen positiv begegnen 31
Mögen Sie Menschen? 39
Selbstwert und Wertschätzung 47
Wie stärken Sie Ihr Selbstwertgefühl? 50
Auf einen Blick 53

3. Eine Frage des Handelns: Anerkennung 54

Anerkennung: Leistungen würdigen 54
Wie viel Anerkennung brauchen Sie? 66
Anerkennung spenden auf Augenhöhe 76
Die zweite Seite der Medaille: Kritik 81
Auf einen Blick 91

4. Im Unternehmen: So schaffen Sie eine Wertschätzungskultur 93

Im Zentrum: Wertschätzende Führung 93
Im Alltag: Kleine Gesten, die Großes bewirken 108
Instrumente: Leitbild oder „Leid-Bild“? 114
Null Toleranz für Missachtung 119
Auf einen Blick 121

5. Im Unternehmen: So machen Sie Anerkennung zum Erfolgsmotor 122

Wie Sie als Führungskraft Anerkennung geben 122
Von Mail bis Mitarbeitergespräch: Möglichkeiten nutzen 129
Wie Sie eine positive Fehlerkultur entwickeln 139
Wie Sie als Mitarbeiter mehr Anerkennung bekommen 142
Auf einen Blick 147

6. Im Kundenkontakt: Was Wertschätzung und Anerkennung bewirken 149

Weiche Faktoren im Verkauf 149
Strategie oder Manipulation? 158
Mitarbeiter für Kundenwertschätzung gewinnen 161
Für Servicequalität sorgen 163
Auf einen Blick 166

7. Resümee: Die zehn wichtigsten Impulse für mehr Anerkennung und Wertschätzung 168

Anmerkungen 171

Literaturhinweise 173

Über die Autoren 177

Anerkennung kann Schokolade sein, aber Schokolade ist noch keine Anerkennung

In einer idealen Welt müsste es dieses Buch nicht geben (im Gegensatz zu Schokolade). Mehr müsste ich eigentlich gar nicht schreiben, um Ihnen zu erklären, warum ich mich darüber freue, dass Markus und Hannelore Weidner es doch geschrieben haben. Anerkennung und Wertschätzung sind zentrale Bedürfnisse. Und doch gibt es von beidem zu wenig. Nur Schokolade auf dem Kopfkissen, die gibt es irgendwie immer.

Respekt ist aus ganz ähnlichen Gründen so wichtig wie Anerkennung und Wertschätzung: Er macht Menschen gesünder. Er stärkt Beziehungen. Er macht Unternehmen erfolgreicher. Er ist nicht nur ein Wert für sich, sondern schafft auch Werte. Als gelernter Kaufmann finde ich es nicht nur schön, wenn Menschen respektvoll kommunizieren – ich finde es auch sehr klug.

Und trotzdem erleben wir häufig so wenig Respekt. Warum nur? Oft wissen wir nicht so recht, wie wir unseren Respekt zum Ausdruck bringen können, damit er beim anderen auch ankommt. Womit wir beim Thema dieses Buches wären. Anerkennung und Wertschätzung: Das ist gelebter Respekt.

Kommunikation ist ein Thema mitten aus dem Leben. Deshalb ist eine Methode, die als Methode erkennbar wird, ganz besonders in der Kommunikation keine gute Methode. Auch hier ist es mit Anerkennung und Wertschätzung wie mit dem Respekt: Natürlich können Unternehmen, können wir alle Anerkennung und Wertschätzung strategisch nutzen. Funktionieren wird das allerdings nur, wenn die Methode einer wertschätzenden Haltung entspringt. Wenn sie echt ist. Wenn ich mit Anerkennung und Wertschätzung bei meinen Kunden punkten möchte, dann muss es schon über die Schokolade auf dem Kopfkissen hinausgehen – über die durchschaubare Masche hinaus.

Ich bin dankbar, dass das Ehepaar Weidner auf diesen und viele weitere feine Unterschiede in der Kommunikation eingeht. Denn Bücher, in denen es um Maschen geht, gibt es schon genug. Und Maschen haben nun mal die Eigenschaft, dass Menschen mit Sinn und Verstand da leicht hindurchgleiten. Weil sie merken, wenn sie verschaukelt werden. Wenn ich dagegen spüre, dass ich mit meiner Persönlichkeit und meinen Bedürfnissen wahrgenommen und anerkannt werde, dann freue ich mich auch über die Rituale der Wertschätzung und über die Muster der Anerkennung. Wenn die Schokolade von Herzen kommt, dann nehme ich sie gern. Wenn sie Teil einer Kultur ist, keine hohle Geste. Dann kann Kommunizieren über Schokolade durchaus sinnvoll sein.

Deshalb freue ich mich außerdem darüber, dass ausgerechnet diese beiden Autoren dieses Buch geschrieben haben. Anerkennung und Wertschätzung lernen wir nämlich am besten, wenn sie uns vorgelebt werden. Auch das ist eine Gemeinsamkeit mit dem Respekt. Wenn Mitarbeiter die Kunden wertschätzen sollen, dann lernen sie das am besten von einem Chef, der sie auch wertschätzend behandelt. Und wenn ich etwas darüber lesen möchte, dann von einem Autor, den ich als wertschätzenden Menschen erlebt habe.

Ich hätte ja noch ein paar Gründe parat, warum ich froh bin, dass es dieses Buch gibt. Aber damit würde ich Ihnen zu viel verraten. Sie werden genügend eigene Gründe finden, da bin ich sicher.

Kommen Sie gut an!

Ihr
René Borbonus
Keynote-Speaker und Autor der Bücher
„Respekt" (2011) und „Klarheit" (2015)

Anerkennung und Wertschätzung: Futter für die Seele

1

Was jeder sich wünscht und nur wenige geben

Anerkennung und Wertschätzung – ein „Kuschelthema"? Begrüßenswerte Wohlfühlfaktoren, auf die man schon mal verzichten kann, wenn es hart auf hart geht, gerade im Job? Würden Sie so denken, hätten Sie dieses Buch kaum aufgeschlagen. In der Tat hat sich die Erkenntnis durchgesetzt, dass positive menschliche Resonanz die Basis gelingender Beziehungen ist, ob in der Familie, in der Partnerschaft oder im Beruf. Ohne die Erfahrung, anerkannt und wertgeschätzt zu werden, verkümmern wir wie eine Pflanze, der man Licht, Wasser und Nährstoffe vorenthält.

Lebenswichtig: menschliche Zuwendung

Im 13. Jahrhundert machte der Stauferkaiser Friedrich II. ein grausames Experiment. Um herauszufinden, welche „Ursprache" der Mensch besitzt, ließ er Neugeborene isolieren. Die Ammen, die die Kinder versorgten, hatten strenge Anweisung, für das körperliche Wohl der Babys zu sorgen, sie zu stillen, zu baden, zu wickeln. Mit ihnen zu sprechen oder sie zu liebkosen war den Betreuerinnen jedoch verboten. Alle Säuglinge starben. Offenbar gibt es ein biologisches Grundbedürfnis nach Zuwendung.

Menschen sind „Herdentiere“, soziale Wesen. Unser Selbstbild und Selbstbewusstsein (das Bewusstsein der eigenen Identität) entwickeln sich von frühester Kindheit an durch die Reaktion der anderen. Als Heranwachsende streben wir nach der Anerkennung durch Eltern und Vorbilder. Als Erwachsene sehnen wir uns nach einem liebevollen Partner. Im Beruf wünschen wir uns positive Rückmeldungen von Kollegen, Chefs und Mitarbeitern, um uns als Teil der Gruppe zu fühlen und uns in unserer beruflichen Rolle bestätigt zu sehen. Wird uns das komplett verweigert oder gar ins Gegenteil verkehrt, wie etwa beim Mobbing, werden wir krank. Der Mensch lebt tatsächlich „nicht vom Brot allein“, er braucht Anerkennung und Wertschätzung als Futter für die Seele. Psychologen wissen das schon lange, und auch der promovierte Biologe Peter Düweke stellt in seinem gleichnamigen Buch unmissverständlich fest: „Anerkennung – ohne sie geht gar nichts!“

Denkanstoß

Halten Sie bitte einen Moment inne. Wie ist es um Anerkennung und Wertschätzung in Ihrem Leben bestellt? Bekommen Sie genug davon ...
... in Familie und Partnerschaft?
... im Freundeskreis?
... am Arbeitsplatz?
Präziser gefragt: Wie hoch ist Ihr „Guthaben“ an Anerkennung und Wertschätzung auf einer Skala von 1 (sehr gering) bis 10 (sehr hoch)?

Hunger nach Feedback

Wir haben noch niemanden getroffen, der wertschätzungs- und anerkennungs-„satt“ war und sagte: „Es ist genug!“ In unseren Präsentationstrainings erleben wir das Gegenteil, einen regelrechten Hunger nach Feedback. Wie wirke ich? Wie werde ich gesehen? Kommt das, was ich denke und sage, auch beim anderen an? Bin ich „richtig“ und „gut“ so, wie ich bin? Ist das Eis in der Gruppe erst einmal gebrochen, stellen wir fest, dass solche Fragen auch diejenigen umtreiben, die den Seminarraum scheinbar sehr selbstbewusst und erfolgsgewiss betreten haben. Und auch der Hype um die Zahl der „Likes“ auf der eigenen Facebook-Seite wäre ohne das tief verwurzelte Bedürfnis nach Feedback, nach Anerkennung kaum erklärbar.

Deutschland: eine Wertschätzungswüste?

Der Hunger nach Feedback deutet darauf hin, dass Anerkennung und Wertschätzung im Alltag nach wie vor Mangelware sind. Dafür gibt es zahlreiche Indizien. Eine kleine Auswahl:

- „Haben Sie Ihr Kind heute schon gelobt?“ stand auf einem alten Aufkleber, der offenbar einen Nerv traf und reißenden Absatz fand.
- Allein den Stichworten „Wertschätzung im Beruf“ ordnet Google inzwischen über eine halbe Million Treffer zu.
- Regelmäßig werden in der Presse Studien zitiert, nach denen Mitarbeiter sich zu wenig gelobt und anerkannt fühlen. Eine europaweite Umfrage des Jobportals Stepstone („Is your work important?“) beispielsweise kam vor einigen Jahren zu dem Ergebnis, dass in Deutschland besonders mit Anerkennung gegeizt wird. Hierzulande sagen 56 Prozent der Arbeitnehmer: „Nein, ich denke nicht, dass meine Arbeit geschätzt wird.“ Bei unseren niederländischen Nachbarn sind es nur 11 Prozent, in Frankreich 27 Prozent.[1]
- Passend dazu tragen Erzieherinnen beim Kita-Streik rote Verdi-T-Shirts mit dem Rückenaufdruck „… fordert Anerkennung“[2] (Mai 2015), ein Schulbuchverlag startet eine Kampagne „für mehr Wertschätzung und Anerkennung des Lehrerberufs“[3] und die Freie Universität Berlin veröffentlicht eine Studie, der zufolge Berliner Polizisten frustriert und ausgebrannt sind und vor allem unter „mangelnder Wertschätzung“[4] leiden (2014).

Wo man hinschaut Menschen, die eine Anerkennungsdürre beklagen und sich in einer Wertschätzungswüste wähnen. Das legt nahe, einmal in die andere Richtung zu schauen, zu denen, die Anerkennung geben.

Denkanstoß

Wie viel Anerkennung und Wertschätzung spenden Sie selbst regelmäßig ...
... in Familie und Partnerschaft?
... im Freundeskreis?
... am Arbeitsplatz?
Präziser gefragt: Wie hoch sind Ihre „Einzahlungen" auf das Konto Anerkennung und Wertschätzung auf einer Skala von 1 (sehr gering) bis 10 (sehr hoch)?

Wenn Sie zu jenen Menschen gehören, die großzügig mit positivem Feedback sind, neidlos die beeindruckende Präsentation Ihres Kollegen würdigen, Partner oder Partnerin immer wieder für die tollen Kochkünste oder die Fürsorge im Alltag danken, Ihr Kind dafür loben, dass es sich anstrengt und übt, obwohl es Mathe hasst, es der Chefin hoch anrechnen, dass sie Ihnen dieses anspruchsvolle Projekt übertragen und Ihnen bei Fragen immer zur Verfügung gestanden hat – ja, wenn Sie zu jenen besonderen Menschen gehören, die selbst mit gutem Beispiel vorangehen, haben Sie den ersten, wichtigen Schritt zu mehr Anerkennung und Wertschätzung schon getan.

Wer sich mehr Anerkennung und Wertschätzung wünscht, tut am besten selbst den ersten Schritt und spendet seinem Gegenüber mehr Anerkennung und Wertschätzung.

„Nicht geschimpft ist genug gelobt!"?

Die Praxis sieht anders aus. Wenn wir mit Kunden oder in privater Runde auf das Thema zu sprechen kommen, ernten wir prüfende Blicke. In acht von zehn Fällen sagt dann einer: „Net' g'schimpft isch g'lobt g'nug!" Dieses schwäbische Motto scheint in der ganzen Republik verbreitet und wird mal resigniert, mal ironisch und manchmal auch mit voller Überzeugung zitiert. Möglicherweise wird mein Gegenüber ja übermütig, wenn ich zu sehr lobe? Und überhaupt, mich lobt ja auch keiner – solche Glaubenssätze mögen hier eine Rolle spielen. Doch die Maxime „solange ich nichts sage, ist alles in Ordnung" lässt den anderen in einer sozialen Kältekammer frösteln, die man selbst lieber nicht betreten würde. Warum also sind wir so geizig, wenn es um Wertschätzung anderer geht?

Ohne Beziehungsqualität keine Servicequalität

Dieses Buch weist einen Weg aus dem Wertschätzungsdilemma. Es belegt, dass weiche Faktoren harte Konsequenzen haben – dass Defizite im zwischenmenschlichen Umgang nicht nur die Lebensfreude trüben, sondern Unternehmen Jahr für Jahr bares Geld kosten. Es geht der Frage nach, warum wir uns mitunter so schwer damit tun, anderen die wohlverdiente Anerkennung zu spenden. Und es gibt konkrete Tipps, wie Unternehmen und Führungskräfte ein Klima der Wertschätzung schaffen können, das von fairem gegenseitigem Feedback geprägt ist.

Wer unser Unternehmen kennt, mag sich vielleicht über die Themensetzung wundern: Die Mission der *Qnigge GmbH* ist „Freude an Qualität". *Qnigge* setzt sich zusammen aus *Qualitätsmanagement* (also Standards, Regeln, definierte Prozesse) und *Knigge* als dem guten Umgang mit Menschen. Beides ist in unserem Verständnis untrennbar verwoben: Ein von Anerkennung und Wertschätzung geprägtes Führungsverhalten garantiert eine gute Beziehungsqualität. Produktqualität und erst recht Servicequalität setzen eben diese Beziehungsqualität voraus. Mitarbeiter gehen vielfach mit Kunden so um, wie der Chef mit ihnen umgeht. Wie soll eine Verkäuferin freundlich auf den Kunden zugehen, wenn ihr Arbeitsklima von Gleichgültigkeit oder gar Angst geprägt ist? Wie soll ein Restaurant Spitzenqualität liefern, wenn dem tyrannischen Küchenchef sämtliche Mitarbeiter davonlaufen? Und wie soll ein Hotel eine Wohlfühlatmosphäre schaffen, wenn sich die eigenen Mitarbeiter am Arbeitsplatz nicht wohlfühlen? Mit barschen Ansagen mag eine Führungskraft eine gewisse Zeit die gewünschten Ergebnisse erzielen. Mittelfristig wird sie jedoch Mitarbeiter verlieren, die anderswo Chancen haben, und mit der Demotivation der Verbleibenden rechnen müssen.

! Nachhaltige Produkt- und Servicequalität setzen hohe Beziehungsqualität unter jenen voraus, die für die Produkte und Services verantwortlich sind.

Hohe Qualität = Übertreffen von Erwartungen

Vielleicht fragen Sie sich, was „hohe Beziehungsqualität" ausmacht. Während „Qualität" ein neutraler Begriff ist, der nichts anderes als „Beschaffenheit" bedeutet (so der Duden), sprechen wir von hoher Qualität immer dann, wenn unsere Erwartungen und Anforderungen übertroffen werden. Das gilt für Produkte wie Beziehungen gleichermaßen, und das macht Wertschätzung und Anerkennung so wertvoll: Wo Menschen einander beides geben, werden Erwartungen an das tägliche Miteinander mit Leichtigkeit getoppt.

Wie weiche Faktoren harte Fakten schaffen

Gleichgültigkeit kostet Geld

In einem großen Hotel verabschiedet sich die Leiterin des Eventbereichs in die Elternzeit. Die Akquise, Organisation und Betreuung von Veranstaltungen soll während ihrer zweijährigen Abwesenheit in den Händen der bisherigen Stellvertreterin liegen. Die ist zwar erst wenige Monate im Haus, wird von der Hoteldirektion jedoch als „eingearbeitet" betrachtet. Sie müsse sehen, wie sie klarkomme, wird ihr bedeutet. Für Feedback steht der Vorgesetzte nicht zur Verfügung, ein ehrgeiziges Umsatzziel ersetzt inhaltliches Interesse, statt Wertschätzung gibt es Druck. Folge: Die neue Eventleiterin mag sich und ihrem Chef ihre massiven Schwierigkeiten nicht eingestehen und „wurstelt" weiter. Sie fällt immer häufiger wegen Krankheit aus. Am Ende des Jahres ist der Umsatz im Eventbereich gegenüber dem Vorjahr in einem hohen sechsstelligen Bereich gesunken.

Was macht Arbeitgeber attraktiv?

Selten lassen sich die Kosten mangelnder Anerkennung und Wertschätzung so exakt beziffern. Hätte die Hoteldirektion rechtzeitig hingeschaut, wären die Defizite deutlich geworden. Wenn die überforderte Führungskraft wertschätzender behandelt und einige Monate lang durch Feedback begleitet und geleitet worden wäre, wäre dem Haus dieser Verlust vermutlich erspart geblieben. Das unterbleibt häufig aus Zeitmangel oder Gleichgültigkeit. Dabei gibt es eine Reihe von Untersuchungen, die belegen, dass es insbesondere die weichen Faktoren sind, die Mitarbeiter und Mitarbeiterinnen an ein Unternehmen binden. Die Psychologen Daniela Lohaus und Christian Haase haben 2013 insgesamt 37 Studien mit rund 64000 Befragten zu der Frage ausgewertet, was einen Arbeitgeber attraktiv macht. Die Rangfolge der wichtigsten Kriterien:

1. Team/Arbeitsatmosphäre/Klima
2. Arbeitsaufgabe
3. Work-Life-Balance
4. Weiterbildung
5. Karriere/Aufstieg
6. Arbeitsplatzsicherheit
7. Entgelt inklusive Sozialleistungen
8. Identifikation mit dem Unternehmen, den Produkten, den Dienstleistungen
9. Arbeitszeitmodelle
10. Unternehmenskultur[5]

Während es immer noch Vorgesetzte gibt, die meinen, „Die Leute sollen einfach ihre Arbeit machen. Schließlich werden sie dafür bezahlt!“, rangiert für die Mitarbeiter das Gehalt erst auf Platz 7 der Attraktivitätsfaktoren. Für den armen Tagelöhner in einem Schwellenland mag das Geld für das tägliche Überleben notgedrungen der Hauptanreiz für die Arbeit sein, auf die Fachkraft in einer modernen Industrienation mit ihren sozialen Sicherungssystemen trifft das nicht mehr zu. Arbeitsatmosphäre und Klima als Topfaktoren werden wesentlich durch das tägliche Maß an Anerkennung und Wertschätzung bestimmt.

Denkanstoß

Was macht einen Arbeitsplatz attraktiv für Sie? Wie sieht Ihre persönliche Rangfolge aus? Notieren Sie sie gleich hier:

1. ______________________________

2. ______________________________

3. ______________________________

4. ______________________________

5. ______________________________

6. ______________________________

7. ______________________________

8. ______________________________

9. ______________________________

10. ______________________________

„War for Talents"

Das Ergebnis der obigen Meta-Studie ist für Arbeitgeber und Führungskräfte umso gravierender, als Fachkräfte in vielen Bereichen immer knapper werden. Der viel beschworene „War for Talents" hat längst auch die Ebene der Sachbearbeiter und einfachen Ausbildungsberufe erreicht. Unternehmen konkurrieren nicht nur um akademische Überflieger („High Potentials"), auch Erzieherinnen, Altenpfleger, Nachwuchsköche oder -bäcker, Schreiner, Maurer und Dachdecker werden händeringend gesucht. Vor Kurzem hat uns der Generaldirektor eines renommierten 5-Sterne-Hotels hinter vorgehaltener Hand und mit einem Schmunzeln gesagt: „Wenn wir einen Bewerber haben und er kann drei gerade deutsche Sätze sprechen, dann lassen wir ihn nicht mehr ziehen." Dieses Haus hatte vor Jahren noch Wartelisten für Jobsuchende. Ein dramatischer Wandel! Für das Jahr 2020 prognostiziert das Beratungsunternehmen McKinsey einen Fachkräftemangel von zwei Millionen Mitarbeitern; das Institut für Arbeitsmarkt- und Berufsforschung geht für 2025 bereits von 5,4 Millionen fehlenden Fachkräften aus.[6] Als Gegenmaßnahme empfehlen die Berater unter anderem eine Erhöhung der „Attraktivität als Arbeitgeber".

Wie engagiert sind Mitarbeiter?

Welche immensen Kosten Demotivation am Arbeitsplatz verursacht und worauf sie zurückzuführen ist, daran erinnert alljährlich der *Gallup-Engagement-Index*. Die Ergebnisse der repräsentativen Umfrage unter rund 2000 Arbeitnehmern im Jahr 2014:

- Nur 15 Prozent der deutschen Arbeitnehmer haben eine hohe emotionale Bindung an ihr Unternehmen,
- 70 Prozent weisen eine geringe emotionale Bindung auf und machen „Dienst nach Vorschrift",
- 15 Prozent fühlen sich gar nicht an ihr Unternehmen gebunden – sie haben innerlich gekündigt.

Mitarbeiter mit hoher Bindung bleiben ihrem Unternehmen eher treu und würden dessen Produkte wie auch eine Arbeit dort ihren Freunden und Familienangehörigen als „hervorragend" empfehlen. Sie bejahen weit überdurchschnittlich häufig die folgenden Gallup-Statements:

- „Ich habe in den letzten sieben Tagen für gute Arbeit Anerkennung oder Lob bekommen."
- „Mein Vorgesetzter / Meine Vorgesetzte oder eine andere Person bei der Arbeit interessiert sich für mich als Mensch."
- „Bei der Arbeit scheinen meine Meinungen zu zählen."
- „Die Ziele und die Unternehmensphilosophie meiner Firma geben mir das Gefühl, dass meine Arbeit wichtig ist."

Eine Meta-Analyse der Gallup-Forscher basierend auf Umfragen in 192 Unternehmen mit 1,4 Millionen Mitarbeitern in 34 Ländern geht der Frage nach, welche konkreten Folgen die unterschiedliche Bindung von Mitarbeitern hat (2012). Arbeitsgruppen mit hoher emotionaler Bindung (die oberen 25 Prozent) weisen demnach gegenüber solchen mit niedriger emotionaler Bindung (die unteren 25 Prozent) im Schnitt

- eine um 21 Prozent höhere Produktivität,
- eine um 22 Prozent höhere Rentabilität,
- 37 Prozent weniger Fehlzeiten und
- 41 Prozent weniger Qualitätsmängel auf.

Demotivation kostet Milliarden

Allein für Deutschland beläuft sich der wirtschaftliche Schaden durch innere Kündigungen auf geschätzte 73 bis 95 Milliarden Euro jährlich, bedingt durch höhere Fehlzeiten und stärkere Fluktuation frustrierter Mitarbeiter. Das Fazit der Studie: „Weiche Faktoren zahlen sich in barer Münze aus.“[7] Wer seinen Mitarbeitern mehr Wertschätzung entgegenbringt, kann also viele Tausend Euro sparen. Übersehen wird das nur, weil kein Chef Rechnungen für Posten wie „frustrationsbedingte Krankheitskosten“ oder „Personalbeschaffungskosten und Kundenverlust aufgrund sich häufender Eigenkündigungen“ abzeichnen muss.

Wer Mitarbeitern Wertschätzung und Anerkennung vorenthält, verliert bares Geld.

Ohne Wertschätzung scheitern Ehen

Was ein Mangel an Wertschätzung im Privaten ausrichtet, beschäftigt seit Jahrzehnten Schulpsychologen, Eheberater und Scheidungsrichter. Zu den Top Ten der Scheidungsgründe zählt ein einschlägiges Internet-Portal „fehlende Kommunikation unter den Eheleuten“, „ständige Fehlersuche nur beim anderen“, mangelnde Bereitschaft, „noch um den anderen zu werben“, „fehlenden Respekt“, „Desinteresse“, „ständige Besserwisserei“ und „Kleinlichkeit in Gelddingen“[8]. Der berüchtigte Seitensprung taucht auf der Liste erst gar nicht auf. Möglicherweise ist es in der Ehe ganz ähnlich wie im Berufsleben: Aus mangelnder Wertschätzung und Anerkennung erwächst eine erhöhte „Fluktuationsbereitschaft“ des anderen.

Kindheitserfahrungen prägen

Häufig wurzelt dysfunktionales Beziehungsverhalten in eigenen Kindheitserfahrungen. Wir übernehmen die Werte, Glaubenssätze und Verhaltensweisen unserer Eltern, gegen die wir uns als Kinder naturgemäß nicht kritisch abgrenzen können und die uns ihren Stempel aufdrücken, ob wir wollen oder nicht. „Was in der Kindheit geschah, wirkt lange nach“, betont die Philosophin Barbara Strohschein, die ein dickes Buch über das „Leiden an der Entwertung und das Glück durch Anerkennung“[9] geschrieben hat. Wer von Kindesbeinen an wenig Wertschätzung erfährt, bekommt ein Selbstwertproblem, fühlt sich wertlos und tut sich besonders schwer, anderen Menschen Wertschätzung zu schenken.

Selbstwert und Wertschätzung hängen eng zusammen, wie wir im nächsten Abschnitt sehen werden. Das Bedürfnis nach Anerkennung sei „eine der stärksten Kräfte, die uns antreibt“, betont auch der Biologe Peter Düweke: „Wir möchten von anderen, vor allem von unseren bedeutsamen anderen, anerkannt werden sowie von uns selbst.“[10] Er wittert in fortwährender Ausgrenzung und Kränkung eine Mitursache jugendlicher Gewalttaten bis hin zum Amoklauf. Und auch wenn eine schwere Kindheit selbstverständlich nichts entschuldigt, so zeigt auch dieses Extrembeispiel, dass weiche Faktoren brutal harte Konsequenzen haben können.

Anerkennung und Wertschätzung als Treibstoff für Erfolg

Während ein subjektiv empfundener Mangel an Anerkennung und Wertschätzung das Leben wie auch das Arbeitsleben des Einzelnen trüben und sogar beschädigen kann, ist sich die Motivationsforschung seit Langem einig, dass umgekehrt ein wertschätzendes Klima die Arbeitsfreude und das Engagement steigert. Im Folgenden einige Erkenntnisse zu der Frage „Was motiviert Mitarbeiter?".

Geld allein spornt nicht an

Das Gehalt als Schmerzensgeld

Prämien, Anreizsysteme, Gehaltserhöhungen, dahinter steckt die Annahme, mit Geld könne man Mitarbeiter zu mehr Leistung veranlassen. Daran hatte schon einer der ersten Motivationsforscher, Frederick Herzberg, Zweifel. In seiner „Zwei-Faktoren-Theorie" (1959) zählte er Geld zu den „Hygienefaktoren". Das sind Arbeitsbedingungen, die Unzufriedenheit verhindern, für sich genommen jedoch noch keine Zufriedenheit auslösen. Neben dem Gehalt zählte Herzberg zum Beispiel Firmenpolitik und Verwaltung zu den Hygienefaktoren. Herzbergs Forschungsergebnisse entsprechen dem Verständnis vieler Menschen, dass es selbstverständlich sein sollte, dass gute Arbeit auch gut bezahlt wird. Wenn das Gehalt stimmt, die Arbeit sonst aber keine Freude macht, wird die monatliche Überweisung als „Schmerzensgeld" betrachtet, mit anderen Worten: als Obolus, der einem zusteht, für den man sich jedoch nicht besonders anstrengen muss. Anders als selbstverständliche Hygienefaktoren erhöhen „Motivatoren" tatsächlich die Zufriedenheit. Für Herzberg war „Anerkennung" der zweitwichtigste Motivator, gleich hinter „Erfolgserlebnissen".

Das Bedürfnis nach Zugehörigkeit

Ganz ähnlich wie Herzberg sieht das ein anderer Klassiker der Motivationsforschung. Abraham Maslow nennt in seiner berühmten Bedürfnispyramide die „sozialen Bedürfnisse" gleich an dritter Stelle, nach den elementaren Grundbedürfnissen wie Nahrung und Schlaf und dem Sicherheitsbedürfnis. Wir suchen Anschluss, Zugehörigkeit zu einer Gruppe. Dafür brauchen wir positive Resonanz, kurz Wertschätzung. Anerkennung ist für Maslow so zentral, dass er sie bei den Individualbedürfnissen auf Stufe 4 seiner Pyramide explizit erwähnt, neben weiteren Ich-Bedürfnissen wie Status, Unabhängigkeit, Prestige.

Denkanstoß

Was spornt Sie an?

- Blicken Sie kurz zurück – wie lange hat die Freude über Ihre letzte Gehaltserhöhung angehalten? Hat Sie die höhere Summe auf dem Konto zu Mehranstrengungen veranlasst?
- Nehmen wir an, Sie haben mit viel Begeisterung und Engagement ein Projekt auf die Beine gestellt (ein Sommerfest organisiert, einen Mitarbeiternewsletter ins Leben gerufen o. Ä.). Die Geschäftsleitung und Ihr Chef äußern sich nicht weiter dazu, teilen Ihnen nur Monate später in dürren Worten mit, man werde Ihnen dafür mit dem nächsten Gehalt 150 Euro zusätzlich überweisen. Was empfinden Sie?

Der „Korrumpierungseffekt"

Auch wenn Maslows starre Abfolge von Bedürfnissen inzwischen hinterfragt wird, bestätigen neuere Studien die grundsätzliche Bedeutung weicher Motivationsfaktoren und die Fragwürdigkeit monetärer Anreize in einigermaßen gesicherten Lebensumständen. Bekannt geworden ist eine Studie des Psychologen Edward L. Deci aus dem Jahre 1999. Deci wertete knapp 130 Forschungsberichte zur Wirkung äußerer Anreize aus und kam zu dem Schluss, dass materielle Belohnungen die „intrinsische" (also freiwillige, von innen her kommende) Motivation sogar zerstören können.[11] Man spricht in diesem Zusammenhang vom „Korrumpierungseffekt": Wer Geld dafür bekommt, dass er eine (Mehr-)Leistung erbringt, erbringt diese Leistung bald vielleicht nur noch des Geldes wegen. Denken Sie an Kinder, die begeistert helfen, bis man ihnen kleine Belohnungen verspricht. Es dauert nicht lange, und das Zimmer wird nur noch dann aufgeräumt, wenn Sie vorher Ihr Portemonnaie geöffnet haben.

Anerkennung und Wertschätzung beflügeln

In Hochleistungsteams herrscht Wertschätzung

2005 machte eine Studie der Psychologin Barbara Fredrickson und des Unternehmensberaters Marcial Losada Furore, die als „Losada-Rate" bekannt wurde. Danach zeichnen sich Hochleistungsteams durch eine überwiegend positive Kommunikation aus: Auf eine negative Äußerung (wie Abwertung, zynische Bemerkungen, Geringschätzung) kommen drei positive (etwa Ermutigung, Wertschätzung). Wo man wertschätzend miteinander umgeht, sind die Arbeitsergebnisse also besser. Wo dagegen viel gemeckert und kritisiert wird, sinken offenbar Arbeitsfreude und Leistungswillen.[12]

90 Prozent wünschen sich mehr Anerkennung

Dieser Befund wird durch eine aktuelle Umfrage der Initiative „Kraftwerk Anerkennung" bestätigt. Um die Jahreswende 2013/2014 wollten die Initiatoren der Internetplattform wissen, wie es um Lob und Anerkennung am Arbeitsplatz bestellt ist. Die Ergebnisse bestätigen den schon bekannten Trend: Fast 60 Prozent der Befragten erhielten nur einmal im Monat oder seltener eine Anerkennung oder ein Lob. Neun von zehn Befragten wünschten sich mehr Anerkennung (während acht von zehn Führungskräften der Meinung waren, „häufig Anerkennung oder Lob auszusprechen"). Nach den Folgen von mangelnder Anerkennung und Wertschätzung gefragt, nannten ...

- 98 Prozent der Mitarbeiter „sinkende Einsatzbereitschaft",
- 95,5 Prozent „sinkende Identifikation mit dem Unternehmen",

- 73 Prozent „steigende Burnout-Gefahr“ und
- 69 Prozent „Abnahme der Bereitschaft, Kritik anzunehmen“.[13]

Interessant ist auch der letzte Punkt, der darauf hinweist, dass Kritik nur dann auf fruchtbaren Boden fällt, wenn hin und wieder auch Anerkennung ausgesprochen wird. „Nicht geschimpft“ ist also alles andere als „genug gelobt“.

All das passt zu den Ergebnissen des Gallup-Engagement-Index und bestätigt die Vorgehensweisen von Initiativen wie „Top Job“ oder „Great Place to Work“, die weiche Aspekte in den Mittelpunkt ihrer Erhebungen stellen. Das Bewertungsmodell „Great Place to Work“ umfasst Aspekte wie „Respekt“, „Förderung und Anerkennung“, „Integres Führungsverhalten“, „Freundliche Arbeitsatmosphäre“.[14] Die Vorstellung der mitarbeiterfreundlichsten „Top-Arbeitgeber 2015“ in einem von Wolfgang Clement herausgegebenen Buch ist kurz und knackig mit einem Schlüsselwort überschrieben: „Wertschätzer“!

Was bewirkt Anerkennung?

Doch wie kommt es, dass flüchtige Worte und Gesten Menschen beflügeln können, während materielle Wohltaten sich als Strohfeuer erweisen?

Anerkennung ist wie Schokolade

Wenn wir Anerkennung erfahren, fühlen wir uns gut, denn positives Feedback führt zur Dopamin-Ausschüttung im Gehirn. „Neurobiologische Studien zeigen, dass nichts das Motivationssystem so sehr aktiviert, wie von anderen gesehen und sozial anerkannt zu werden“, sagt der Medizinprofessor Joachim Bauer.[15] Und von allem, was sich gut anfühlt, hätten wir gern mehr. Wer Anerkennung bekommt, ist daher in der Regel bereit, sich weiter anzustrengen, um die Positiverfahrung zu wiederholen.

Anerkennung schweißt zusammen

Wenn wir Anerkennung erfahren, zeigt uns das, dass wir dazugehören. Für den Menschen als „Herdentier“ ist das eine enorm wichtige Erfahrung. Der Arbeitssoziologe Stephan Vosswinkel bezeichnet Anerkennung daher als „das übergeordnete Medium sozialer Integration“.[16] Durch Anerkennung fühlen Menschen sich im Unternehmen heimisch, und wenn sie sich dort zu Hause fühlen, werden sie sich eher engagieren. „Wer keine Anerkennung säht, wird auch keine Leistung ernten!“, warnt Vosswinkel folgerichtig.

Anerkennung stärkt das Selbstvertrauen

Wenn wir Anerkennung erfahren, trauen wir uns mehr zu und machen weniger Fehler. Kritik verunsichert viele Menschen, fortlaufende Kritik macht sie nervös oder lässt sie resignieren („Hat ja doch alles keinen Sinn!“). Deshalb loben erfahrene Trainer und sensible Führungskräfte eher kleine Fortschritte, als auf kleinen Fehlschlägen herumzureiten. Diese Erkenntnis ist alles andere als neu: „Zutrauen veredelt den Menschen, ewige Vormundschaft hemmt sein Reifen“, wusste schon Johann Gottfried Frey, ein enger Mitarbeiter des preußischen Reformers Freiherr vom Stein um 1800.

Anerkennung lässt uns harte Zeiten besser überstehen

Was ist schlimmer als sehr viel Arbeit? Sehr viel Arbeit, die nicht wertgeschätzt und anerkannt wird. Vielleicht kennen Sie das Gefühl, „sich abzurackern“, ohne dass dies überhaupt zur Kenntnis genommen wird. Das zermürbt auf Dauer. Für den Mediziner Johannes Siegrist kann diese Erfahrung bis in den Burnout führen. Für ihn ist das „Ausbrennen“, mit dem die Erschöpfungsdepression landläufig umschrieben wird, das Resultat einer beruflichen „Gratifikationskrise“. Wer sich besonders anstrengt oder besonders hohe Anforderungen erfüllen muss, im Gegenzug aber nicht genügend Anerkennung und Wertschätzung erfährt, wird krank. Dabei spielt neben äußeren Faktoren auch die eigene „Verausgabungsneigung“ eine Rolle. Anfällig sind daher besonders leistungsorientierte und perfektionistische Menschen. Gratifikationskrisen entstehen, weil gegen das Prinzip der Reziprozität verstoßen wird, den Grundgedanken, dass ich etwas zurückbekomme, wenn ich etwas gebe.[17]

Was im Unternehmen gilt, gilt gleichermaßen im Privatleben. Die Zahl der Mütter, die unter dem Erschöpfungssyndrom bis zum Burnout litten, sei in den letzten zehn Jahren um 37 Prozent gestiegen, sagte die Geschäftsführerin des Müttergenesungswerks 2014 dem Magazin Spiegel; die der Frauen, die unter mangelnder Anerkennung ihrer Leistung litten, um 13 Prozent.[18] Wer den ganzen Tag für andere sorgt, ohne dafür Wertschätzung zu erfahren, leidet. Vielleicht sehen Sie manche Klage Ihrer eigenen Mutter vor diesem Hintergrund mit anderen Augen. Und auch die Wirkung von Anerkennung auf das Selbstvertrauen ist nicht auf den Beruf beschränkt. Würden wir jemals laufen lernen, wenn ständig jemand an unseren Gehversuchen herumnörgeln würde? Ob das nicht schneller ginge, warum wir so herumtapsen? Jetzt seien wir schon wieder auf den Po geplumpst, das habe sich die Mama aber anders vorgestellt! Das klingt zu Recht absurd. Liebevolle Eltern machen es genau umgekehrt und kommentieren kleine Fortschritte mit großer Begeisterung. Ermutigung, nicht Kritik, lässt Menschen wachsen!

Ermutigung und Dank

Kurze Präzisierung der Begriffe

Bislang haben wir mit dem Alltagsverständnis der Schlüsselbegriffe „Wertschätzung" und „Anerkennung" operiert. Je tiefer man jedoch ins Thema einsteigt, desto zahlreicher und diffuser werden die Begriffe: Zuwendung, Wertschätzung, Anerkennung, Feedback, Lob, Tadel, Kritik, um nur die wichtigsten zu nennen. Mit diesen Schlüsselworten lassen sich wunderbar wolkige Absichtserklärungen formulieren. Doch ist Lob tatsächlich immer wertschätzend? Gehören Kritik und Tadel notwendigerweise zum Feedback dazu? Was unterscheidet Anerkennung von Wertschätzung? Da wir uns zum Ziel gesetzt haben, auf der Basis eindeutiger Begriffe konkrete Handlungsempfehlungen zu geben, im Folgenden eine kurze Präzisierung.

Zuwendung

Der Duden definiert „Zuwendung“ als „freundliche, liebevolle Aufmerksamkeit, Beachtung, die jemand jemandem zuteilwerden lässt“. Das Synonymwörterbuch ordnet Begriffe wie „Anteilnahme“, „Freundlichkeit“, „Warmherzigkeit“, „Liebe“ und „Güte“ zu.[19] Psychologen betrachten Zuwendung als elementar für enge menschliche Beziehungen, etwa in Partnerschaft und Familie.[20] Im Kontext dieses Buches verwenden wir „Zuwendung“ daher für die liebevolle menschliche Hinwendung zu einem anderen, die einem biologischen Grundbedürfnis des Menschen entspricht. Die Kinder im Eingangsbeispiel gingen an einem Mangel an menschlicher Zuwendung zugrunde, und auch im weiteren Verlauf unseres Lebens brauchen wir Menschen, die uns liebevoll begegnen – Eltern und Kinder, Freunde, Partner/-in.

Wertschätzung

Einem anderen Menschen wertschätzend zu begegnen, dazu verpflichtet das humanistische Menschenbild. „Wertschätzung“ bedeutet, den anderen in seiner Würde und Individualität voraussetzungslos zu achten. Wertschätzung muss man sich nicht erst durch Leistung oder Wohlverhalten „verdienen“, sie gebührt jedem Menschen unabhängig von persönlichen Verdiensten. Wertschätzung bezeichnet also eine wohlwollende Haltung dem Mitmenschen gegenüber, gleichgültig, ob arm oder reich, Pförtner oder Vorstand (mehr dazu im Kapitel 2).

Anerkennung

Während Wertschätzung eine bedingungslose positive Beachtung bezeichnet, ist Anerkennung an Bedingungen geknüpft: Ich wertschätze jemanden als Menschen, und ich spende ihm/ihr Anerkennung für besondere Fähigkeiten, Leistungen, Verdienste, Anstrengungen. Anerkennung braucht also einen konkreten Anlass oder einen Bezug. Zentral sind hier in unserem Verständnis die Eigenschaften, die sich in sichtbaren Erfolgen niederschlagen, zum Beispiel wenn von dauerhaft guten Leistungen auf eine anerkennenswerte Zuverlässigkeit eines Mitarbeiters geschlossen werden kann. Anerkennung ist damit die Folge von Wahrnehmung und genauem Hinsehen: Ich muss etwas *erkennen*, um es anerkennen zu können. Anerkennung kann nonverbal, durch Gesten und Blicke ausgedrückt werden, zum Beispiel durch ein anerkennendes Lächeln und Nicken. Manchmal genügt ein einziges Wort („Super!", „Klasse!"). Wirksamer ist in der Regel eine ausführlichere Formulierung, die demonstriert, dass man das Tun des anderen tatsächlich aufmerksam zur Kenntnis genommen hat. Anerkennung ist dabei eine Würdigung auf Augenhöhe: „Ich bin beeindruckt, wie souverän Sie dieses schwierige Projekt geleitet haben." Die Augenhöhe unterscheidet echte Anerkennung vom Lob, das eher von oben herab kommt (siehe den nächsten Punkt).

Feedback

Feedback als Oberbegriff steht für eine verbale, in Worte gefasste Rückmeldung, sei sie positiv (Anerkennung) oder negativ (Kritik). Häufig erfolgt Feedback in formellen Kontexten. Typische Feedback-Situationen im Unternehmen sind ein Mitarbeitergespräch oder ein Abschlussgespräch am Ende eines Projektes. Auch eine Mutter oder ein Vater kann dem Kind Feedback geben, etwa bei der Kommentierung des selbst gemalten Bildes oder des Auftritts im Schultheater. Außer von „Anerkennung und Kritik" spricht man häufig auch von „Lob und Tadel". Doch das ist nicht dasselbe. Lob und Tadel werden aus einer überlegenen Position ausgesprochen: Eltern loben/tadeln Kinder, Lehrer loben/tadeln Schüler, Chefs loben/tadeln Mitarbeiter – und nicht umgekehrt. Positives und negatives Feedback dagegen erfolgen auf Augenhöhe und sind keine Einbahnstraßen. Auch Mitarbeiter können ihrem Chef positives oder negatives Feedback geben, während er Lob oder Tadel von „Untergebenen“ sehr wahrscheinlich als Anmaßung empfinden würde. Beispiele:

- **Lob:** „Das haben Sie sehr gut gelöst, Herr Meier!“ („Hätte ich selbst nicht besser hinbekommen!“)
- **Positives Feedback** (Anerkennung): „Ich bin außerordentlich froh, Sie im Team zu haben. Durch Ihre Zielstrebigkeit haben Sie das Projekt zu einem guten Ergebnis geführt. Danke!“
- **Tadel:** „Mit dieser PowerPoint-Präsentation kann ich überhaupt nichts anfangen. Eine einzige Schlamperei! Das müssen Sie gründlich überarbeiten.“
- **Negatives Feedback** (Kritik): „Danke für die Präsentation. Auf den ersten drei Seiten gibt es eine Handvoll Tippfehler und die Bilder passen teilweise nicht zum Text, zum Beispiel auf Seite 5 und 7. Bitte überarbeiten Sie das Ganze bis morgen früh.“

Mehr zu Anerkennung und Feedback lesen Sie im dritten Kapitel. Abschließend eine Grafik, die die Schlüsselbegriffe knapp definiert:

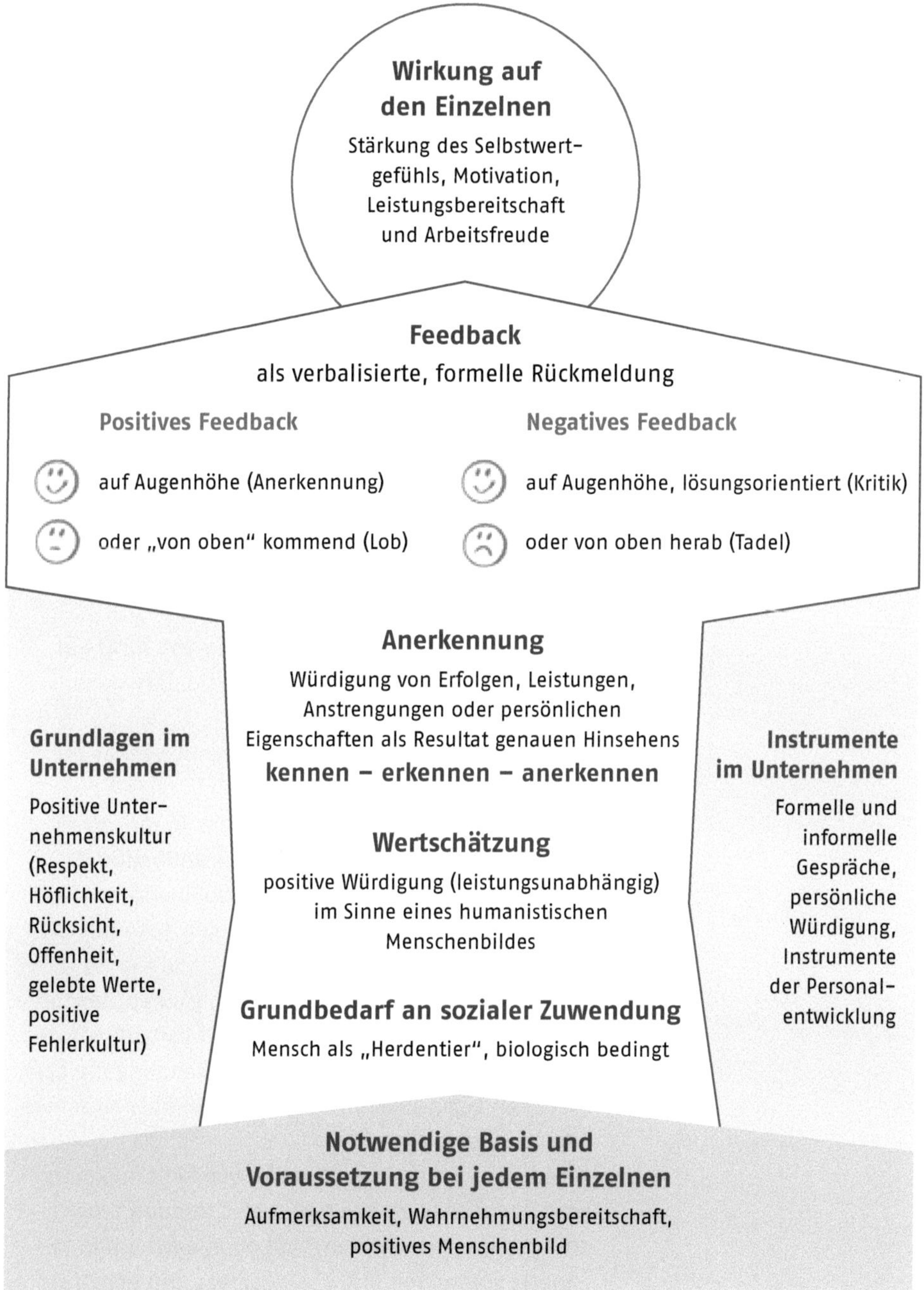

Die Wirkung von Anerkennung

Auf einen Blick

- Anerkennung und Wertschätzung sind ein menschliches Grundbedürfnis. Ohne sie verkümmern wir wie eine Pflanze, der man Licht, Wasser und Nährstoffe vorenthält.
- Die meisten Menschen wünschen sich mehr Anerkennung und Wertschätzung, ob beruflich oder privat. Ein erster wichtiger Schritt in die richtige Richtung ist, anderen selbst positiver zu begegnen.
- Anerkennung und Wertschätzung verbessern die Qualität von Beziehungen. Und Beziehungsqualität ist eine wichtige Voraussetzung für Produkt- und Servicequalität.
- Studien belegen: Ein Mangel an Anerkennung und Wertschätzung demotiviert, und Demotivation kostet Unternehmen jährlich Milliarden, durch Fehltage, Fluktuation und geringere Produktivität.
- Geld wiegt fehlende positive Resonanz im Job nicht auf. Das Gehalt wird dann zum Schmerzensgeld, das keine zusätzliche Anstrengung hervorbringt.
- Die Schlüsselbegriffe werden oft schwammig verwendet. Eine Klarstellung:
  - „Zuwendung" als liebevolle Resonanz in (privaten) Beziehungen ist ein menschliches Grundbedürfnis.
  - „Wertschätzung" ist eine achtungsvolle und wohlwollende Haltung, die nicht an Leistungen geknüpft ist, sondern jedem Menschen gebührt.
  - „Anerkennung" bezieht sich auf Fähigkeiten, Leistungen, Anstrengungen und ist daher an Vorbedingungen geknüpft. Idealerweise würdigt Anerkennung die persönlichen Eigenschaften, die das Gegenüber zu seinen Erfolgen befähigen.
  - „Feedback" bezeichnet eine planvolle Rückmeldung positiver oder negativer Natur. Als „Lob und Tadel" erfolgt diese Rückmeldung von oben nach unten, als „Anerkennung und Kritik" („positives und negatives Feedback") auf Augenhöhe.

Eine Frage der Haltung: Wertschätzung

2

Wertschätzung: Dem anderen positiv begegnen

Jemandem Wertschätzung entgegenzubringen bedeutet, ihn in seiner Würde und Individualität voraussetzungslos zu achten – so haben wir es im letzten Kapitel sehr allgemein definiert. Das fällt vergleichsweise leicht,

- wenn wir den anderen kennen und schätzen,
- wenn er oder sie uns sympathisch ist,
- wenn wir ihn oder sie bewundern, beispielsweise aufgrund von Status, Erfolg, Einfluss,
- wenn er oder sie unsere Meinung teilt und uns keine Schwierigkeiten bereitet,
- wenn er oder sie uns selbst mit Wertschätzung begegnet.

Echte Wertschätzung stellt keine Bedingungen

Anders sieht es aus, wenn unser Gegenüber gegen eines oder gar mehrere dieser Merkmale verstößt, menschlich sperrig ist, uns das Leben schwer macht oder wenig Sympathie in uns weckt. Dann entscheidet sich, wie ernst es uns mit der Tugend der Wertschätzung ist. Der bekannte Benediktiner-Pater Anselm Grün hat dem Thema ein Buch gewidmet, in dem er die Bedingungslosigkeit der Wertschätzung betont. Er schreibt unter anderem: „Wer einen Menschen wertschätzt, sieht in ihm einen Schatz, der auch für andere Menschen wertvoll ist“ und „Ich vergleiche seinen Wert nicht mit dem eines anderen. Ich achte vielmehr seinen einmaligen Wert. Er ist ein wertvoller Mensch“.[21]

So gesehen ist praktizierte Wertschätzung ein hoher Anspruch, von dem nicht viel übrig bleibt, wenn in Casting-Shows Kandidaten vorgeführt werden, wenn auf Schulhöfen Mitschüler gehänselt werden oder wenn in Unternehmen missliebige Kollegen persönlich verletzend behandelt werden.

Denkanstoß

- Bei wem fällt es Ihnen schwer, Wertschätzung zu üben? Warum?
- Welche Folgen hatte dies bisher (für die Beziehung zu diesem Menschen und darüber hinaus)?
- Stehen der Auslöser Ihres Verhaltens und dessen Wirkung in einem angemessenen Verhältnis?

Fragt man Menschen, was sie unter Wertschätzung verstehen, hört man Umschreibungen wie die folgenden: „Wertschätzung bedeutet Freundlichkeit.“ – „Wertschätzung heißt für mich, dass mir jemand zuhört und mich versteht.“ – „Wertschätzung setzt Respekt voraus.“ – „Wer jemanden wertschätzt, lässt ihn gelten, wie er ist.“ Wertschätzung als positive Grundhaltung umfasst offenbar ein Bündel von Eigenschaften. Diejenigen, die wir für zentral halten, werden im Folgenden erläutert.

Aufmerksamkeit: den anderen wahrnehmen

Welches Gefühl haben Sie, wenn jemand Sie nicht zurückgrüßt, sondern durch Sie hindurchzublicken scheint? Oder wenn Sie in einem Meeting etwas sagen und die übrigen Teilnehmer kommentarlos zum nächsten Punkt übergehen – ganz so, als seien

Sie gar nicht vorhanden? Viele Menschen empfinden das vermutlich als schlimme Demütigung. Manche reagieren wütend, andere sind geknickt. Erstaunlich, was schon das Ausbleiben eines kleinen Nickens oder eines knappen Grußes in uns auslösen kann. Ignoranz tut mehr weh als Kritik. Wer uns kritisiert, nimmt uns immerhin noch wahr, und Menschen wollen gesehen werden. Sie kennen das möglicherweise von Kindern: Wenn ein Erwachsener „keine Zeit zum Spielen hat", erkämpft sich der Nachwuchs die Aufmerksamkeit notfalls auf negative Weise, indem er rebelliert oder etwas Verbotenes tut. Die erste Stufe der Wertschätzung – ihre Grundlage – besteht darin, einen anderen zu beachten, ihn wahrzunehmen, ihn einer Reaktion zu würdigen.

Respekt: den anderen ernst nehmen

Dem anderen Achtung zollen

Respekt bedeute, sein Gegenüber „in seiner Persönlichkeit, seiner Menschenwürde und seinem Anliegen ernst zu nehmen", schreibt unser Kollege René Borbonus in seinem lesenswerten Buch zum Thema Respekt.[22] Respekt geht also über das bloße Sehen und Beachten des anderen hinaus: Respekt beschreibt eine bestimmte Haltung, die manchmal mit altmodischen Begriffen wie „Ehrerbietung" verbunden wird. Dieser Aspekt des „Ehre-Erweisens" schwingt heute noch in Begriffen wie „Respektsperson" mit. Respekt lässt sich daher so umschreiben: Ich trete dem anderen mit Achtung gegenüber – Achtung vor seiner Person, seiner Individualität, seiner Gleichwertigkeit als Mitmensch. Respekt gebietet es zum Beispiel, den anderen ausreden zu lassen, seine Einschätzung einzuholen in Fragen, die ihn betreffen, ihn nicht persönlich zu beschädigen, kurz: seine Würde zu achten.

Auf einer internationalen Messe fragt der Leiter der Produktentwicklung eines kleineren Maschinenbauers, ob einer der Einkäufer des Konzerns am Stand sei und einen Moment Zeit habe. Er würde gerne ein Produkt vorstellen. Die Messehostess am Tresen nimmt seine Karte entgegen und geht mit ihr auf zwei Konzernmitarbeiter zu, die bei einem Kaffee plaudern und lachen. Beide blicken kurz auf, mustern den Entwicklungsleiter und schütteln abwehrend den Kopf. Dann setzen sie ungerührt die Kaffeepause fort. Der Standbesucher bekommt das alles vom Tresen aus mit.

Ein typisches Beispiel für Arroganz und Missachtung. Oft muss dafür Zeitknappheit als lahme Entschuldigung herhalten. Doch was spricht dagegen, die Karte des Einkäufers entgegenzunehmen und ihm in zwei Sätzen freundlich zu begründen, warum man aktuell kaum miteinander ins Geschäft kommen kann?

Höflichkeit: den anderen einnehmen

Verbale und nonverbale Momente

Schon der Namenspatron der Qnigge GmbH, Adolph Freiherr von Knigge, verstand Umgangsformen nicht als Regeln um der leeren Etikette willen, sondern als Empfehlungen „Über den Umgang mit Menschen“ (so der eigentliche Titel seines berühmten Buches). Knigge interessierten „die Pflichten, die wir allen Arten von Menschen schuldig sind und wiederum von ihnen fordern können“[23]. Klassische Höflichkeitsformen wie das „Danke“ und „Bitte“, das „Guten Tag“ und „Auf Wiedersehen“, Rücksichtnahme auf Schwächere, ja, auch angemessene Kleidung und Tischmanieren sind Ausdruck der Wertschätzung für das Gegenüber. Wer sich benimmt wie die sprichwörtliche Axt im Walde, signalisiert dem anderen unweigerlich Desinteresse und Geringschätzung. Wer höflich und freundlich auftritt, unterstreicht sein Anliegen, dass sein Gegenüber sich wohlfühlen möge. Dazu zählt beispielsweise auch der wertschätzende Umgang mit der Zeit des anderen: Jemanden länger als wenige Minuten warten zu lassen, und das womöglich regelmäßig, für Verspätungen nicht um Entschuldigung zu bitten oder in beruflichem Kontext die Zeit eines anderen zu verschwenden ist wenig wertschätzend.

Es ist brütend heiß, doch die Bewerberin für eine Dozentenstelle präsentiert sich der Situation angemessen im Hosenanzug und mit geschlosse-

nen Schuhen. Sie staunt nicht schlecht, als sie der Abteilungsleiter der privaten Weiterbildungseinrichtung im Camping-Outfit begrüßt: in Bermuda-Shorts, verwaschenem T-Shirt und Sandalen. Das Gespräch verläuft schleppend, auf eine (schließlich abschlägige) Reaktion wartet die Bewerberin Wochen. „Gewundert hat mich das nicht", erzählt sie: „Dem war ich ja noch nicht einmal eine lange Hose wert."

Toleranz: den anderen nehmen, wie er ist

Wertschätzung = die Werte des anderen tolerieren

Wertschätzend mit jemandem umzugehen, mit dem wir uns in grundsätzlichen Fragen einig sind, ist keine hohe Kunst. Schwieriger wird es, wenn das Gegenüber andere Vorstellungen vertritt als wir selbst oder uns auf andere Weise fremd ist. „Wert-Schätzung" kann man daher auch so verstehen: die Werte des anderen schätzen, sie achten und tolerieren, auch wenn ich sie selbst nicht teile. Der Duden umschreibt „Toleranz" mit Begriffen wie „Aufgeschlossenheit", „Duldsamkeit" und „Vorurteilslosigkeit" (lat. tolerare = erdulden, ertragen). Ein wertschätzender Verkäufer wird die muslimische Kundin mit Kopftuch genauso höflich und respektvoll bedienen wie jede andere Kundin, auch wenn er das Kopftuch als Ausdruck von Religiosität persönlich ablehnt.

Auch im Unternehmen fördert das Schätzen der Wertvorstellungen anderer den wertschätzenden Umgang. Auf dieser Basis kann beispielsweise der ehrgeizige Abteilungsleiter den Mitarbeiter, der von neun bis fünf zuverlässig und ordentlich arbeitet, akzeptieren, ohne ihn als „Laumann" zu diffamieren. „Wer [andere] entwertet, tut dies unter anderem, weil er/sie bestimmte Tugenden und Ideale für richtig hält, die ein anderer Mensch negiert"[24], stellt die Philosophin Barbara Strohschein fest. Auch in Familien gibt es solche Entwertungen, etwa wenn erfolgreiche Familienmitglieder als „karrieregeil" oder sozial engagierte als naive „Gutmenschen" abgestempelt werden. Wertschätzung bedeutet also auch, andere Menschen nicht durch egozentrische Bewertungen in Schubladen zu stecken.

Empathie: den anderen verstehen wollen

Sich in den anderen hineinversetzen

Unter „Empathie" (von altgriechisch „path-", leiden/fühlen) wird die Fähigkeit und Bereitschaft verstanden, sich in die Gefühls- und Vorstellungswelt eines anderen Menschen zu versetzen. Häufig wird Empathie daher auch als „Einfühlung(svermögen)" übersetzt. Empathie beweist ein Vorgesetzter, der es versteht, eine Kündigung so zu handhaben, dass sie die Beziehung zum Mitarbeiter, der das Unternehmen verlassen muss, nicht völlig zerstört. Ein solcher Chef wird auf schalen Trost verzichten, Wut oder Verzweiflung des Mitarbeiters aushalten und konkrete Hilfe anbieten, zum Beispiel in Form einer Empfehlung an ein anderes Unternehmen oder durch ein faires Outplacement. Auch ein Chef, der eine Mitarbeiterin nach einer schlimmen Nachricht (zum Beispiel ein Unfall in der Familie) von einer Kollegin nach Hause fahren lässt, zeigt Einfühlungsvermögen. Empathie hat rationale Komponenten (die Fähigkeit, zu erkennen, wie ein anderer sich in einer bestimmten Situation fühlt) und emotionale Seiten (die Fähigkeit, mitzufühlen). Empathie bedeutet, sich für einen Moment in die Lage des anderen zu versetzen und sein Urteilen und Empfinden nachzuvollziehen. Eltern, die ein weinendes Kind trösten, obwohl der Anlass für die kindliche Verzweiflung aus erwachsener Sicht nichtig ist, beweisen Empathie. Eltern, die mit einem herrischen „Stell dich nicht so an!" reagieren, lassen Empathie vermissen.

! Praktizierte Wertschätzung heißt: den anderen beachten (wahrnehmen), ihn achten (respektieren), ihn höflich behandeln, seine Andersartigkeit tolerieren und bereit sein, sich in seine Situation einzufühlen.

Das Wertschätzungsbarometer

Die Komponenten der Wertschätzung sind umso anspruchsvoller, je stärker wir gefordert sind, uns auf den anderen einzulassen. Sie bauen wie Stufen aufeinander auf:

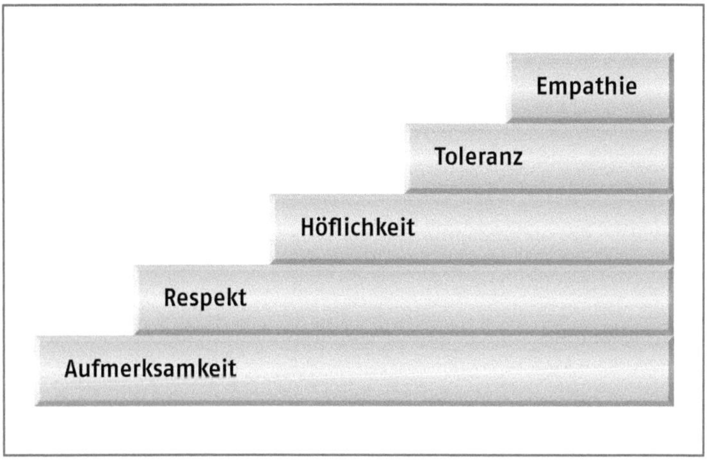

Fünf Stufen der Wertschätzung

Wir alle können uns jeden Tag vielfach entscheiden, ob wir wertschätzend oder weniger wertschätzend mit anderen Menschen umgehen. Alle Alltagssituationen zu erfassen und dafür Regeln zu formulieren, ist ganz unmöglich. Gefragt ist vielmehr eine wertschätzende Grundhaltung. Machen Sie anhand der folgenden Beispielliste die Probe aufs Exempel: Wie sehr sind Sie für den wertschätzenden Umgang miteinander sensibilisiert?

Das Wertschätzungsbarometer

Hand aufs Herz: Bei welchen Verhaltensweisen ertappen Sie sich?

	selten	manchmal	nie
Ich vergesse schon mal die Geburtstage von Freunden oder engen Mitarbeitern.	☐	☐	☐
Ich blicke regelmäßig auf mein Handy, auch wenn ich im Gespräch mit Freunden oder Kollegen bin.	☐	☐	☐
Wenn mich ein Meeting langweilt, erledige ich parallel andere Dinge.	☐	☐	☐
„Du hörst mir ja gar nicht zu!" – das sagt man mir ...	☐	☐	☐
Ich verspäte mich bei Verabredungen und Terminen ...	☐	☐	☐
Für Versäumnisse um Entschuldigung zu bitten vergesse ich ...	☐	☐	☐
Ich falle meinem Gegenüber ins Wort, aus Ungeduld oder wenn ich anderer Ansicht bin.	☐	☐	☐
Wenn ich mit Argumenten nicht weiterkomme, mache ich eben Druck.	☐	☐	☐
Dass ein Lächeln Türen und Herzen öffnet, vergesse ich ...	☐	☐	☐
Telefonate erledige ich auch in öffentlichen Verkehrsmitteln, beim Arzt oder im Restaurant.	☐	☐	☐
In sozialen Netzwerken äußere ich mich unverblümt kritisch über den Empfänger oder Dritte.	☐	☐	☐
Wenn mir etwas nicht passt, rede ich Klartext. Das muss mein Gegenüber eben aushalten.	☐	☐	☐
Ob meine Kleidung, mein Auftreten einem Anlass angemessen sind, finde ich nicht wichtig. Ich handele nach dem Motto „Man muss mich nehmen, wie ich bin".	☐	☐	☐

Zeigt Ihr Wertschätzungsbarometer ein stabiles Hoch (viele Kreuzchen in der linken Spalte / heller Bereich)? Sind Sie eher wechselhaft, oder ist Ihre Wertschätzung noch stark ausbaufähig (Mehrzahl der Kreuze rechts, im dunklen Bereich)?

Einflussfaktoren auf Wertschätzung

Wie leicht oder schwer es uns fällt, einem anderen wertschätzend zu begegnen, hängt von verschiedenen Umständen ab:

- **Von der Situation:** Unter Stress und Zeitdruck fällt es uns schwerer, auf das Gegenüber einzugehen.
- **Von Vorbildern und Erziehung:** Wir übernehmen Verhaltensweisen, die uns vorgelebt werden.
- **Vom Umfeld:** Ob Elternhaus, Ausbildungs- oder Arbeitsplatz – wir orientieren uns in unserem Verhalten an unserer Umgebung. In einem unfreundlichen Umfeld ist es schwerer, freundlich und wertschätzend zu bleiben.
- **Von Übung:** Ebenso wie manche Menschen gewohnheitsmäßig unfreundlich sind, lässt sich auch zugewandtes und wertschätzendes Verhalten trainieren und zur Gewohnheit machen.
- **Von unserem Menschenbild:** Wie wohlwollend beurteilen wir andere Menschen unabhängig von äußeren Faktoren wie Reichtum, Einfluss oder Hautfarbe? Erwarten wir eher Gutes oder Schlechtes von ihnen?
- **Von unserem Selbstwert:** Nur, wer sich selbst wertschätzt, kann anderen Wertschätzung entgegenbringen. Wer sich selbst wertlos fühlt, neigt häufig dazu, andere abzuwerten.

Die beiden letzten Punkte sind so zentral, dass wir sie vertiefen möchten.

Mögen Sie Menschen?

Welche Eigenschaften zeichnen den Menschen aus? Ist er von Natur aus gut oder böse, mitfühlend oder selbstsüchtig, auf Unabhängigkeit oder Gemeinschaft bedacht? Über das Wesen des Menschen sind ganze Bibliotheken geschrieben worden. Ein überzeugter Marxist gibt darauf eine andere Antwort als ein

Liberaler, ein gläubiger Katholik sieht das anders als ein Buddhist, ein Hirnforscher rückt andere Merkmale in den Vordergrund als ein Theologe. Doch jenseits solcher theoretischer Konzepte trägt jeder von uns sein eigenes, ganz persönliches Menschenbild mit sich herum. Die Sozialpsychologie spricht von „Alltagstheorien", die unsere Wahrnehmung und unser Handeln steuern. Jochen Fahrenberg definiert in seinem Buch *Annahmen über den Menschen* (2004): „Das Menschenbild ist die Gesamtheit der Annahmen und Überzeugungen, was der Mensch von Natur aus ist, wie er in seinem sozialen und materiellen Umfeld lebt und welche Werte und Ziele sein Leben haben sollte. Es umfasst das Selbstbild und das Bild von anderen Personen oder von den Menschen im Allgemeinen." Ohne ein solches Menschenbild müssten wir uns in jeder Situation neu orientieren – Vorannahmen erleichtern das Leben. Sie verengen jedoch auch den Blick, können zu Vorurteilen und Fehlurteilen führen. Wie leicht fällt es Ihnen, andere Menschen um Hilfe zu bitten? Wie bereitwillig gewähren Sie selbst anderen Hilfe? Wie viel Geduld bringen Sie mit Schwächeren auf? Wie streng gehen Sie mit sich selbst um? Wie misstrauisch oder vertrauensvoll reagieren Sie, wenn ein Fremder Sie anspricht? Die Antworten auf solche Fragen sind Puzzleteilchen Ihres Menschenbildes.

Wie viel Wertschätzung erlaubt Ihr Menschenbild?

Die Grundhaltung anderen gegenüber

Was hat all das mit Wertschätzung zu tun? Wir sehen einen engen Zusammenhang zwischen der Bereitschaft, wertschätzend mit Menschen umzugehen, und der grundsätzlichen Haltung gegenüber anderen, dem Menschenbild. Wer Menschen nicht mag, wer ihnen beispielsweise pauschal niedere Motive, Faulheit oder Gleichgültigkeit unterstellt, wird sich schwer damit tun, sie wertschätzend zu behandeln. Wenn wir annähmen, dass ein Mensch normalerweise in guter Absicht handelt und die beste Verhaltensweise zeigt, die ihm in einem bestimmten Augenblick möglich ist, wäre schon viel gewonnen. Dann würden wir positive Motive unterstellen, auch wenn wir selbst anders handeln und dieses Verhalten als unklug, umständlich oder gar unmoralisch ablehnen. Das rechtfertigt selbstverständlich nicht, dass sich jemand gegenüber Dritten nach den Maßstäben einer Gesellschaft, einer Gemeinschaft oder auch innerhalb einer Familie verletzend verhält.

Typische Glaubenssätze

Unser persönliches Menschenbild speist sich aus familiärer Prägung, Vorbildern, kulturellen Einflüssen, eigenen Erfahrungen. Mancher wächst auf mit Lebensweisheiten wie:

- „Haste was, dann biste was."
- „Vertrauen ist gut, Kontrolle ist besser."
- „Ein Indianer kennt keinen Schmerz."

Wer das mit auf den Weg bekommt, ist zu sich selbst und anderen vermutlich härter, als jemand, dem Maximen wie die folgenden vermittelt und vorgelebt werden:

- „Liebe deinen Nächsten wie dich selbst."
- „Lächle, und die Welt lächelt zurück."
- „Jeder handelt nach den besten seiner Möglichkeiten."

Denkanstoß

Lassen Sie sich die gerade zitierten Glaubenssätze durch den Kopf gehen. Welches Modell ist Ihnen vertrauter?

- Das erste, das in Richtung Leistungsorientierung, Misstrauen und Zähne-Zusammenbeißen geht?
- Oder das zweite, das auf Freundlichkeit, Vertrauen und Zugewandtheit setzt?
- Wie wurde bei Ihnen zu Hause über andere Menschen geredet? Was haben Ihnen Eltern und andere Vorbilder mit auf den Weg gegeben? Wie reden Sie in Ihrer Abteilung über die Kollegen aus dem anderen Fachbereich? Lohnt es sich, diesen Blick auf die Welt zu hinterfragen?

Wer ein humanistisches Menschenbild verfolgt, ist überzeugt, dass der Mensch im Grunde gut ist, dass alle Menschen dieselben Rechte besitzen und in ihrer Würde und Eigenverantwortung zu respektieren sind. Wer dagegen davon ausgeht, dass „der Mensch des Menschen Wolf" und auf seinen eigenen Vorteil bedacht ist, deutet Wertschätzung und Freundlichkeit womöglich als naive Schwächen.

Wertschätzung im Unternehmen: Theorie X oder Y?

Auch in der Führungstheorie spielt das Menschenbild eine große Rolle. Kaum ein moderner Führungsratgeber versäumt es, darauf hinzuweisen, dass man „Menschen mögen" sollte, um ihnen erfolgreich vorangehen zu können. Seit der Überwindung autoritärer Führungsmodelle müssen Mitarbeiter für Aufgaben gewonnen werden, statt Befehlen zu folgen. Bekannt geworden ist in diesem Zusammenhang die Typologie des Managementexperten Douglas McGregor, der in seinem Buch *The Human Side of Enterprise* schon 1960 zwei Menschenbilder kontrastierte, die er „Theorie X" und „Theorie Y" nannte:

- *Theorie X:* Menschen sind von Natur aus träge, wenig ehrgeizig und gehen der Arbeit aus dem Weg. Sie brauchen straffe Führung, Druck und Kontrolle.
- *Theorie Y:* Unter den richtigen Arbeitsbedingungen übernehmen Menschen gern Verantwortung, arbeiten selbstdiszipliniert und wollen Ziele erreichen. Sie brauchen Entscheidungsspielräume und Ermutigung.

Sich selbst erfüllende Prophezeiungen

Wir bekommen, was wir erwarten

Das Vertrackte: Je tiefer eine Überzeugung ist, desto eher bekommen wir sie bestätigt. Unsere Wahrnehmung wird von Erwartungen und Einstellungen geprägt: Wir sehen vorwiegend, was wir wissen (oder zu wissen glauben). Und wir erzeugen durch unser eigenes Verhalten häufig erst jene Reaktionen, die wir voraussetzen. So ist es zu erklären, dass wir in bester Laune vorwiegend freundlichen Menschen begegnen, während sich an trüben Tagen scheinbar alle gegen uns verschworen haben. Und so kommt es, dass sich für McGregor aus der Theorie X ein Teufelskreis von autoritärer Kontrolle, Entmutigung und Passivität des Mitarbeiters mit folgender noch stärkerer Kontrolle ergibt, aus der Theorie Y dagegen ein Engelskreis von Handlungsspielräumen, Ermutigung und Engagement des Mitarbeiters, dem daraufhin weiterer Spielraum gewährt wird. Auch privat können Negativerwartungen negatives Verhalten erst erzeugen:

Wie man in den Wald hineinruft …

Die neuen Nachbarn im Erdgeschoss des Mehrfamilienhauses treten von Anfang an fordernd und misstrauisch auf. Sie vermuten „Betrug" in der Nebenkostenabrechnung, sie finden, dass die Putzfrau für das Reinigen des Flurs zu gut bezahlt wird, und prüfen, ob sie dafür nicht auch heimlich beim Nachbarn putzt. Sie beschweren sich über zu laute Rollläden am Morgen, zu laute Staubsauger am Nachmittag und im Hausflur lachende Besucher am Abend. Offenbar gehen sie davon aus, dass jeder ihnen Böses will. Nach einigen Monaten haben sie durch ihr eigenes Verhalten genau das ausgelöst. Die Hausgemeinschaft geht auf Distanz, die „Neuen" werden kaum noch gegrüßt, unfreundliche E-Mails gehen hin und her. Das haben die neuen Nachbarn gleich geahnt, dass es wieder so laufen wird!

Wie denken Sie über andere Menschen? Unser Menschenbild ist uns so selbstverständlich, dass wir uns unserer Urteile und Erwartungen häufig kaum bewusst sind. Die folgende Checkliste ist als Impuls gedacht, die eigene Einstellung zu reflektieren.

Wertschätzungshilfe oder -hemmnis? – Ihr Menschenbild

Meiner Ansicht nach sind die meisten Menschen eher ...

	☺	☹	
hilfsbereit	☐	☐	unbeteiligt
ehrlich	☐	☐	unehrlich, betrügerisch
freundlich	☐	☐	unfreundlich
mitfühlend	☐	☐	kaltherzig
großzügig	☐	☐	geizig
fair	☐	☐	auf ihren Vorteil aus
engagiert	☐	☐	faul
offen	☐	☐	berechnend
lernwillig	☐	☐	bequem
dankbar	☐	☐	undankbar
gütig	☐	☐	herzlos
gut	☐	☐	böse
interessiert	☐	☐	gleichgültig
________	☐	☐	________
________	☐	☐	________

Macht es Ihnen Ihre Grundhaltung gegenüber anderen Menschen eher schwer oder eher leicht, wertschätzend auf andere zuzugehen?

Zu welcher Seite tendieren Sie? Wahrscheinlich ist Ihnen genau wie uns bewusst, dass die Welt „eigentlich" nicht schwarz oder weiß ist, sondern viele Grauschattierungen bietet. Dennoch: Was erwarten Sie im Normalfall von Ihrem Gegenüber – Gutes oder weniger Gutes? Wenn eher Letzteres der Fall ist: Sind Sie sicher, dass es Ihnen manchmal nicht so geht wie den misstrauischen Nachbarn im Beispiel? Der römische Philosoph Seneca, einer der reichsten und mächtigsten Männer seiner Zeit, war übrigens überzeugt: „Mangelndes Vertrauen ist nicht das Ergebnis von Schwierigkeiten, Schwierigkeiten haben ihren Ursprung in mangelndem Vertrauen."

Misstrauen oder Vertrauen?

Je positiver das eigene Menschenbild, desto selbstverständlicher ist es, Wertschätzung zu spenden. Und je positiver man auf die Welt zugeht, desto mehr Wertschätzung bekommt man zurück.

Ein Märchen über Himmel und Hölle verdeutlicht die Wirkung der Mitmenschlichkeit auf eindrucksvolle Weise. Es geht so: Ein Rabbi fragte Gott, ob er den Himmel und die Hölle sehen dürfe. Gott erlaubte das und beauftragte den Propheten Elia, den Rabbi zu führen. Elia führte den Rabbi zunächst in einen Raum, in dem auf einem Feuer ein Topf mit einer köstlichen Suppe stand. Um den Topf herum saßen viele Menschen, die elend und halb verhungert aussahen. Sie konnten mit ihren Löffeln zwar Suppe schöpfen, aber die Stiele der Löffel waren viel zu lang, um sie zum Mund zu führen. Beim Verlassen des Raumes fragte der Rabbi, was für ein schrecklicher Ort das gewesen sei. „Das war die Hölle", antwortete Elia. Dann führte er den Rabbi in einen zweiten Raum, der genauso aussah wie der erste. Auch hier brannte in der Mitte ein Feuer, auf dem ein köstliches Essen stand, und Menschen saßen darum herum mit langen Löffeln in der Hand. Doch dieses Mal waren alle gut genährt und glücklich. Des Rätsels Lösung: Die Menschen hier versuchten nicht, sich selbst zu füttern, sondern benutzten die langen Löffel, um sich gegenseitig zu essen zu geben. Dem Rabbi war sofort klar: Dieser Raum war der Himmel!

Die eigenen Beziehungen reflektieren

Unsere innere Welt, unsere Einstellung zu anderen Menschen und unsere Glaubenssätze prägen unweigerlich unsere äußere Welt. Misanthrop und Philanthrop, Menschenfeind und Menschenfreund, können Tür an Tür wohnen und doch in verschiedenen Welten leben. Vielfach neigen wir dazu, vor allem Negatives wahrzunehmen: wer uns geärgert, gleichgültig oder unfreundlich behandelt hat. Mögliche Folge: Wir zahlen mit gleicher Münze zurück. Einen Weg zu besseren menschlichen Beziehungen ebnet eine uralte buddhistische Meditationsmethode: Naikan. Wörtlich übersetzt ist das „Innenschau“ (von japanisch nai = Inneres und kan = betrachten). Naikan basiert auf drei Grundfragen, denen Anhänger in Meditationsseminaren nachgehen. Wir sind überzeugt, dass sie auch im Alltag einen wichtigen Impuls für mehr Wertschätzung geben können.

Denkanstoß

Die Schlüsselfragen des „Naikan"

1. Was hat eine bestimmte Person (zum Beispiel Mutter) für uns getan?
2. Was habe ich für diese Person getan?
3. Was habe ich dieser Person für Schwierigkeiten bereitet? (Quelle: www.naikan.de)

Die Schwierigkeiten, die andere Personen uns bereiten, bleiben bei diesen Fragen ganz bewusst außen vor – sie sind uns ohnehin bewusst und verdrängen oft die positiven Aspekte, die uns zu mehr Wertschätzung veranlassen könnten. Wir möchten daher noch eine vierte Frage anschließen:

4. Wie könnte ich dieser Person meine Wertschätzung zeigen?

Selbstwert und Wertschätzung

Sich selbst wertschätzen

Ein stabiler Selbstwert ist die beste Voraussetzung, wertschätzend mit anderen umzugehen, darin sind sich Theologen, Philosophen und Psychologen einig. „Solange wir uns wertlos fühlen, gelingt uns die Wertschätzung der anderen nicht“[25], schreibt Anselm Grün. „Jeder Mensch möchte verstanden, anerkannt und geliebt werden. Es gibt kaum einen Menschen, der, ohne Schaden zu nehmen, darauf verzichten kann“[26], betont Barbara Strohschein. Wer das Glück hat, in ein liebevolles Umfeld hineingeboren zu werden, erfährt als Kind genügend Verständnis, Ermutigung und „bedingungslose“ (nicht an Bedingungen wie Leistung oder Schönheit) geknüpfte Liebe, um zeitlebens davon zu zehren. Die Wertschätzung, die er erfährt, zahlt auf sein Selbstwert-Konto ein. Wer dieses Glück nicht hat, verinnerlicht die erfahrene Lieblosigkeit und fühlt sich wertlos. Tief im Innern zweifelt er daran, ebenso fähig, klug, ansehnlich – kurz: wertvoll – zu sein wie andere Menschen. Dieser Zweifel kann sich in der Aggression gegen andere Bahn brechen, in dem starken Bemühen um Anerkennung („120 Prozent geben!“) oder auch in der Selbstoptimierung des Körpers. Auch die Abwertung anderer, etwa in Form von Rassismus, ist ein missglückter Versuch, den eigenen Selbstwert zu retten: Indem anderen die Gleichwertigkeit abgesprochen wird, erhöht man sich selbst.

! Wer einen stabilen Selbstwert hat, kann andere achten, loben, anerkennen. Wenn ich mich selbst klein und mickrig fühle, fällt mir das schwer. Dann muss ich mich selbst aufwerten, indem ich andere abwerte.

Stark vereinfacht kann man sich den Selbstwert wie ein Gefäß vorstellen, das angefüllt ist mit positiven Erfahrungen und Bestätigung. Je voller dieses Gefäß ist, desto mehr kann ich „abgeben“ in Form von Wertschätzung. Selbst wenn die Kindheit den Grundstock füllt, bleiben wir zeitlebens angewiesen auf positive

Bestätigung von außen – durch Wertschätzung, die dafür sorgt, dass sich unser Gefäß nicht bis auf den Grund leert. In einer Mobbing-Situation beispielsweise, in der wir massive Missachtung erfahren, werden wir umso mehr leiden, je weniger Wertschätzung wir ausgleichend in anderen Bereichen bekommen.

Einflussfaktoren

Wie stark unser Erwachsenen-Bedürfnis nach Wertschätzung und Anerkennung konkreter Verdienste ist, ist daneben persönlichkeits- und typabhängig (vgl. Kapitel 3, Motiv „Anerkennung" im Reiss-Profil). Auch zwischen den Generationen und Kulturen bestehen Unterschiede: Amerikaner etwa oder auch Niederländer konzentrieren sich im privaten wie geschäftlichen Umgang eher auf Positives und pflegen einen betont freundlichen Umgangston. Der den Deutschen nachgesagte Hang zur unverblümten Kritik wirkt vor diesem Hintergrund schroff und wenig wertschätzend. Auch der jungen „Generation Y" (den nach 1980 Geborenen) wird ein höheres Bedürfnis nach positiver Bestätigung nachgesagt als der Nachkriegsgeneration der „Babyboomer"[27]. Inzwischen mehren sich allerdings zu Recht die Stimmen, die auf die Heterogenität dieser Generation hinweisen.[28] Unserer Erfahrung nach sind es vor allem Vertreter der „Generation Internet", die auf kurzfristige und häufige Positivreaktionen großen Wert legen. Unter Generation Internet verstehen wir sehr netzaffine junge Leute, die in den sozialen Medien zu Hause sind und dort rasche Reaktionen auf eigene Postings, Tweets und Kommentare erfahren wollen.

Indizien für hohen und niedrigen Selbstwert

Vielleicht haben Sie sich mittlerweile gefragt, wie stabil Ihr eigenes Selbstwertgefühl ist. Wenn Sie dem genauer nachgehen wollen, finden Sie im Internet einige psychologisch fundierte Tests, etwa von der Technischen Universität Dresden oder der Technischen Universität Darmstadt. Auch der PAL-Verlag hat im Internet einen Fragebogen zum Thema „Wie steht es um Ihr Selbstwertgefühl?" veröffentlicht.[29] Die Fragen in solchen Tests kreisen um Aspekte wie Selbstwahrnehmung und Selbstbeurteilung, Ansprüche an sich selbst und Verhalten gegenüber anderen. Für ein hohes Selbstwertgefühl sprechen Aussagen wie:

- „Ich mache mir kaum Sorgen um mein Äußeres."
- „Ich kann Komplimente anderer gut annehmen."
- „Ich habe eine positive Einstellung zu mir."
- „Ich habe viele Talente und Fähigkeiten, auf die ich stolz bin."
- „Ich kann Dinge genauso gut wie die meisten anderen Leute auch."
- „Ich konkurriere gerne mit anderen."

Auf einen schwächeren Selbstwert deutet es hin, wenn jemand eher den folgenden Aussagen zustimmt:

- „Ich zweifle häufig an mir und meinen Fähigkeiten."
- „Ich beneide andere oft um ihren Erfolg."
- „Andere können meine Gefühle leicht verletzen."
- „Ich habe Angst, mein wahres Ich zu zeigen."
- „Ich will es anderen immer recht machen."
- „Ich muss immer alles 110-prozentig machen."

Auf einer Veranstaltung lernten wir eine promovierte Theologin kennen, Ende dreißig und nach einer Anstellung als wissenschaftliche Mitarbeiterin an der Universität seit einigen Monaten auf Stellensuche. Auf die Frage, was sie sich denn vorstelle, sagte diese Frau, die sich jahrelang mit anspruchsvollen Inhalten beschäftigt, Studenten unterrichtet, wissenschaftliche Texte verfasst und Vorträge gehalten hatte, voller Resignation: „Was ich mir wünsche?! Ich muss nehmen, was ich bekomme. Ich habe ja nichts gelernt!" Ein Beispiel dafür, wie sehr Selbstwert und Fähigkeiten auseinanderklaffen können.

Wie zufrieden sind Sie mit sich?

Starke Selbstzweifel, ein hohes Maß an Selbstkritik, Unzufriedenheit mit dem eigenen Äußeren und Abwertung eigener Verdienste und Talente sind Ausdruck geringen Selbstwerts, während ein höherer Selbstwert sich darin ausdrückt, dass jemand in sich ruht und im Großen und Ganzen mit sich zufrieden ist. Dabei handelt es sich um ein Kontinuum mit ungesunden Extremen am einen wie am anderen Ende – tiefer Selbstverachtung am einen und Selbstüberschätzung am anderen Ende.

Wie stärken Sie Ihr Selbstwertgefühl?

Wir sind keine Psychologen und dies ist kein psychologischer Ratgeber. Einige ganz praktische Maßnahmen zur Stärkung des Selbstwertgefühls möchten wir Ihnen dennoch vorschlagen.

Umgeben Sie sich mit positiven Menschen

Wer (und was) tut Ihnen gut?

Überlegen Sie, wer Ihnen guttut. Damit ist nicht gemeint, sich nur mit Schmeichlern und Ja-Sagern zu umgeben. Doch wir alle kennen Menschen, die uns bei jeder Begegnung „runterziehen": notorische Nörgler, Schwarzmaler, Ja-aber-Sager, strenge Kritiker, die immer ein Haar in der Suppe finden. Wenn Sie sich nach jedem Treffen mit einer Person schlechter fühlen als vorher, sollten Sie möglicherweise den Kontakt einschränken oder gar abbrechen. Zumindest lohnt sich die Frage, was der Nörgler oder Kritiker von seinem Verhalten hat. Eine gute Ausgangshypothese ist, dass er ein Problem hat – und nicht Sie!

Führen Sie ein ausbalanciertes Leben

Es ist gefährlich, wenn sich Ihr Selbstwert aus einer einzigen Quelle speist, beispielsweise ausschließlich aus beruflichem Erfolg, nur aus Harmonie in der Partnerschaft, Wohlwollen der eigenen Eltern, Anerkennung durch die engste Freundin. Wenn Ihr Leben auf mehreren Säulen ruht, stabilisiert dies auch Ihren Selbstwert. Pflegen Sie Freundschaften und Hobbys, engagieren Sie sich in Vereinen oder Initiativen, tun Sie Dinge, die Ihnen Spaß machen. Damit schaffen Sie sich Positiverlebnisse, die Ihren Selbstwert stärken.

Schreiben Sie ein Erfolgstagebuch

Den eigenen Blickwinkel verändern

Während Psychologen sich überwiegend mit psychisch bedingten Schwierigkeiten und Problemen beschäftigen, konzentriert sich die „Positive Psychologie“ darauf, was Menschen gesund und zufrieden erhält. Hier geht es nicht um naives „positives Denken“, sondern darum, einen gesunden Optimismus zu pflegen und sich von der einseitigen Fixierung auf Misserfolge und Sorgen zu befreien. Ein bewährter Ratschlag der positiven Psychologie ist das Führen eines Erfolgstagebuchs. Nehmen Sie sich jeden Tag wenige Minuten Zeit, um zu notieren, was an diesem Tag erfreulich war. Dabei geht es nicht nur um „große“ Erfolge, sondern auch um kleine Erlebnisse – ein Kompliment, das man erhalten oder gemacht hat, ein Lächeln, eine kleine Überwindung des inneren Schweinehundes ... Mögliche Leitfragen:

- Was war heute gut?
- Was ist mir heute gelungen?
- Worüber habe ich mich gefreut?
- Was habe ich heute gelernt?
- Was habe ich heute zu Ende gebracht?
- Welchen Vorsatz habe ich heute durchgehalten?
- Welche Begegnung war „bereichernd“?
- Was war sonst noch positiv?

Sie ahnen es – wenn Sie sich das Notieren positiver Erlebnisse zur Gewohnheit machen, wird sich auf Dauer Ihr Blick auf sich selbst und auf die Welt verändern. Mindestens zwei Wochen sollten Sie allerdings durchhalten, damit sich diese Wirkung einstellen kann. Vorschlag: Schreiben Sie jeden Abend um dieselbe Zeit mindestens drei kurze Punkte auf. Beginnen Sie gleich hier:

Übung: Erfolgstagebuch

Was war heute gut?

____

Was ist mir heute gelungen?

____

Worüber habe ich mich gefreut?

____

Was habe ich heute gelernt?

____

Was habe ich heute zu Ende gebracht?

____

Welchen Vorsatz habe ich heute durchgehalten?

____

Welche Begegnung war „bereichernd“?

____

Was war sonst noch positiv?

____

Auf einen Blick

- Echte Wertschätzung stellt keine Bedingungen. Sie fällt uns dann am schwersten (und ist gleichzeitig am wichtigsten), wenn unser Gegenüber andere Werte und Meinungen vertritt oder es uns auf andere Weise nicht leicht macht, ihn/sie zu mögen.
- Die fünf Stufen praktizierter Wertschätzung lauten: Aufmerksamkeit, Respekt, Höflichkeit, Toleranz, Empathie.
- Wertschätzung zeigt sich im Alltag an vielen kleinen Gesten und Verhaltensweisen wie Zuhören, Verzicht auf parallele Aktivitäten (Beispiel: Smartphone checken beim Abendessen), Ausreden lassen, Pünktlichkeit, Rücksichtnahme, Freundlichkeit.
- Ein positives Menschenbild erleichtert den wertschätzenden Umgang mit anderen Menschen. Unser Menschenbild ist Ausdruck unserer Erziehung und unserer Erfahrungen.
- Wir bekommen, was wir erwarten – unser eigenes Verhalten beeinflusst, wie andere auf uns reagieren (Phänomen der sich selbst erfüllenden Prophezeiung). Es lohnt sich daher, eigene Glaubenssätze und Erwartungen kritisch zu überprüfen.
- Ein stabiler Selbstwert ist die beste Voraussetzung, anderen Wertschätzung zu spenden. Wer andere abwertet / nicht wertschätzt, versucht häufig, dadurch den eigenen Selbstwert zu erhöhen.
- Eine liebevolle Kindheit und ein ausbalanciertes Leben mit mehreren „Selbstwertstützen" sind die besten Voraussetzungen für einen stabilen Selbstwert.
- Wer etwas für seinen Selbstwert tun möchte, sollte negative Kontakte einschränken. Hilfreich ist ferner, sich selbst durch verschiedene Interessen und Aktivitäten Bestätigung zu holen und ein Erfolgstagebuch zu führen.

3 Eine Frage des Handelns: Anerkennung

Anerkennung: Leistungen würdigen

Wofür sollte es Anerkennung geben?

Anders als Wertschätzung braucht Anerkennung einen konkreten Anlass: Wir wertschätzen jemanden als Menschen und wir zollen ihm oder ihr Anerkennung für etwas. Wofür genau? In der Überschrift sprechen wir von „Leistungen". Viele von Ihnen denken dabei vielleicht als Erstes an tolle Arbeitsergebnisse oder andere sichtbare Erfolge, den Bau eines Hauses, die Erziehung von Kindern zu glücklichen Menschen, die Gründung eines Vereins, der Gutes bewirkt. Wenn von der „Lebensleistung" eines Menschen gesprochen wird, werden mit Vorliebe solche Fakten zitiert. Wir sind der Auffassung, dass ein solches Leistungsverständnis zu kurz greift. Nicht nur die „großen" Ergebnisse sind eine Anerkennung wert, sondern auch die kleinen Gesten im Alltag. Und nicht allein Erfolge verdienen eine positive Würdigung, sondern auch hartnäckige Anstrengungen. Einer Supermarkt-Kassiererin, die es trotz Hektik und Zeitdruck schafft, jeden Kunden freundlich zu begrüßen und zu verabschieden, sollte ebenso Anerkennung gezollt werden wie einem Marathonläufer, der sein Rennen nicht zu Ende bringt und dennoch im monatelangen Training und beim Lauf über die angestrebten 42 Kilometer alles gegeben hat. In diesem Kapitel gehen wir der Frage nach, wie, warum und auf welche Weise jeder von uns für mehr Anerkennung im Alltag sorgen kann.

Jeder ist aufgefordert, im Alltag für mehr Anerkennung zu sorgen, indem er selbst kleine wie große Leistungen erkennt und anerkennt.

Welche Formen von Anerkennung gibt es?

Anerkennung kann auf sehr unterschiedliche Weise zum Ausdruck gebracht werden. Nicht immer muss dabei etwas Geleistetes explizit bewertet werden.

Vertrauen = Anerkennung

Die Sachbearbeiterin der Kreditabteilung braucht ab einer bestimmten Kreditsumme das Einverständnis des Abteilungsleiters. Dabei geht es um die Finanzierung von Firmenfahrzeugen, die von den Fahrzeughändlern beantragt und von der unternehmenseigenen Bank kurzfristig entschieden werden muss. Die Mitarbeiterin hat gerade die Probezeit hinter sich, als der Abteilungsleiter wegen eines mehrtägigen Seminars verreisen muss. Sie wird ins Büro ihres Chefs gerufen: „In den nächsten drei Tagen entscheiden Sie das alleine. Ich habe da volles Vertrauen zu Ihnen!"

Auch ohne eine explizite Bewertung ihrer bisherigen Arbeitsleistung empfindet die Sachbearbeiterin das als große Anerkennung. Jemandem etwas zutrauen ist eine sehr deutliche Form der Anerkennung. Das gilt auch im Privatleben, zum Beispiel bei Kindern.

„Das kannst du schon allein!" = Anerkennung

Der Achtjährige nervt die Oma, sie möge doch endlich mal wieder mit ihm zusammen den leckeren Schokoladenkuchen backen. Doch die Großmutter hat anderes zu tun. Sie sagt: „Das kannst du schon alleine! Fang einfach schon mal an, während ich das Abendessen vorbereite." So hat die Oma den Enkel bei der Arbeit im Blick, und der berichtet abends den Eltern mit glühenden Wangen und stolzgeschwellter Brust, dass er den Kuchen „ganz alleine" gebacken hat.

Anerkennung dieser Art ist so wertvoll für den Empfänger, weil sie Eigenschaften und Kompetenzen würdigt und damit über Einzelleistungen hinausgeht. Weiter unten werden wir Ihnen zeigen, wie sich aus dieser Erkenntnis eine Methode der Anerkennung ableiten lässt, die beim Gegenüber gut ankommt und den anderen wirklich stärkt („Anerkennung spenden auf Augenhöhe").

Zehn Spielarten der Anerkennung

Vertrauter als die eben geschilderte Anerkennung durch Zutrauen sind uns andere Verhaltensweisen. Spielarten der Anerkennung im Überblick:

1. **Urkunden, Medaillen oder Preise** (zum Beispiel „Mitarbeiter des Monats", Orden, Medaillen im Sport)
2. **Geld oder andere Formen materieller Anerkennung** (zum Beispiel Gehaltserhöhungen, Prämien, ein (größerer) Dienstwagen, zwei Euro für jede „1" im Zeugnis)
3. **Spannende neue Aufgaben, mehr Verantwortung** (siehe Beispiele oben oder etwa Beförderung, Erteilung der Zeichnungsbefugnis)
4. **Schriftlicher oder mündlicher Dank** (zum Beispiel ein Dankesbrief von Kunden, ein ausdrückliches Dankeschön an den Partner, einen Kollegen, einen Freund für seine Hilfe oder Unterstützung)
5. **Bewunderung** (zum Beispiel, wenn Fans einen Schauspieler oder Musiker bewundern, Auszubildende einen Meister, Hobbysportler einen Profi)
6. **Komplimente** (als liebenswürdige Kommentare zu Aussehen, Verhalten, Fähigkeiten, Charakterzügen des anderen)
7. **Lob** (als positive Beurteilung von Fähigkeiten oder Leistungen durch eine fachliche Kapazität oder eine übergeordnete Person, das heißt in der Regel von oben kommend)
8. **Anerkennung auf Augenhöhe** (Anerkennung im engeren und besten Sinne: positive Würdigung, ohne sich in die Position des/der Überlegenen zu schwingen).

Anerkennung setzt voraus, jemanden zu kennen, zu erkennen, was er tut, und dies zu werten – eben anzuerkennen. Deswegen gehören aus unserer Sicht auch die Spielarten kritischer Würdigung in diese Liste:

9. **Tadel** (als Kehrseite des Lobs: kritische Äußerungen, die von einer übergeordneten Person kommen)
10. **Kritik auf Augenhöhe** (als Kehrseite der Anerkennung: kritische Äußerungen als konstruktive Rückmeldung mit einem Impuls oder Hinweis für Verbesserung) – ausführlich hierzu im letzten Abschnitt dieses Kapitels.

Unter „Feedback" als verbaler Rückmeldung fassen wir wie in Kapitel 1 ausgeführt Lob und Tadel sowie Anerkennung und Kritik zusammen, also 7. bis 10. Wie wirken die verschiedenen Anerkennungsformen?

1. Urkunden, Medaillen, Preise

Vorbildliches Verhalten ehren

Durch Urkunden, Medaillen oder Preise wird ein Einzelner für andere sichtbar hervorgehoben. Das Grundprinzip ist dasselbe, ob weltweit renommierte Auszeichnungen wie der Nobelpreis übergeben werden oder ein Buchpräsent, mit dem der Schüler mit dem besten Notendurchschnitt auf der Abiturfeier ausgezeichnet wird. Selbst beim Nobelpreis gilt: Unumstritten sind Auszeichnungen selten, weshalb seit 1980 in bewusster Konkurrenz auch der „Alternative Nobelpreis" („Right Livelihood Award") vergeben wird.

Die Grundidee, mit Preisen und Auszeichnungen vorbildhaftes Verhalten zu ehren und andere zu ähnlichen Anstrengungen anzuspornen, verpufft, wenn eine Preisvergabe als wenig transparent oder sogar als ungerecht empfunden wird. Und auch dem öffentlich Geehrten kann die Aufmerksamkeit unangenehm sein. Beim Nobelpreis mag das selten sein, doch schon das Bundesverdienstkreuz lehnt mancher ab (etwa der Altbundeskanzler Helmut Schmidt oder der Autor Hans Bayer alias „Thaddäus Troll"). Noch kontroverser sind die Reaktionen etwa beim „Mitarbeiter des Monats": Der eine Kollege mag stolz sein, sich mit Foto und Belobigung am Schwarzen Brett wiederzufinden, dem anderen ist das eher peinlich. Und als Reaktion der Nichtprämierten sind Neid, Missgunst und Demotivation genauso vorstellbar wie der von der Firmenleitung erhoffte Ansporn. Denn wo es einen Gewinner gibt, gibt es zwangsläufig andere, die nicht gewinnen – oder sogar verlieren. Das gilt schon in der Schule, wenn der Lehrer nur den besten Aufsatz vorliest und die anderen Schulhefte kommentarlos zurückgibt.

Denkanstoß

Was ist Ihnen am liebsten?

1. Ihr Chef lobt Sie im Teammeeting vor der versammelten Kollegenschaft und schließt mit den Worten: „Ich wünschte mir mehr Mitarbeiter wie Sie!"
2. Ihr Chef lobt Ihre Arbeit im Vier-Augen-Gespräch und sagt abschließend: „Ich wünschte mir mehr Mitarbeiter wie Sie!"
3. Ihr Chef würdigt Ihre Arbeit im Vier-Augen-Gespräch, hebt konkrete Erfolge hervor und will wissen: „Wie schaffen Sie das immer wieder?" Daraus entspinnt sich ein kurzer Austausch über Ihre Stärken.

Im Abschnitt „Anerkennung spenden auf Augenhöhe" lesen Sie, warum die meisten Menschen sich hier vermutlich für 3. entscheiden.

Vorsicht bei der öffentlichen Auszeichnung (Anerkennung) Einzelner! Das kann bedeuten: ein Gewinner, viele Verlierer.

2. Materielle Anerkennung

Geldleistungen nutzen sich bald ab

Das Thema Geld und andere Formen materieller Anerkennung haben wir im ersten Kapitel bereits gestreift. Die meisten Menschen freuen sich über eine Gehaltserhöhung oder einen schicken neuen Dienstwagen, doch dieser Effekt nutzt sich in der Regel relativ bald ab. Materielle Vorteile nehmen wir schnell als selbstverständlich hin. Gerade beim Geld bewahrheitet sich zudem die alte Weisheit „Der Tod des Glücks ist der Vergleich". Fünf Euro Belohnung für die Hilfe im Garten lässt Ihren Sohn möglicherweise jubeln. Erfährt er allerdings, dass die große Schwester sieben Euro für ähnliche Aufgaben bekommen hat, schlägt die Zufriedenheit sofort in massive Unzufriedenheit um.

Materielle Vorteile nehmen wir schnell als selbstverständlich hin. Menschliche Zuwendung und verbale Anerkennung dagegen freuen uns jedes Mal aufs Neue.

3. Spannende Aufgaben, mehr Verantwortung

Nachhaltig: Aufgabenübertragung

Während Prämien, Boni oder andere materielle Leistungen nur kurzfristig wirken, lösen spannende Aufgaben und mehr Verantwortung tiefere Befriedigung aus. Sie können ein Ansporn mit Langzeitwirkung sein. Anerkennung in dieser Form ermutigt, weil aus ihr ein Vertrauen in die Fähigkeiten des Empfängers spricht. Gleichzeitig macht der Spender der Anerkennung deutlich, dass er die Leistungen des anderen wahrgenommen und erkannt hat. Anders als Prämien, die in guten Zeiten schon mal nach dem Gießkannenprinzip gewährt werden, ist eine neue Aufgabe oder weiterreichende Kompetenz zudem eine individuelle Würdigung. Motivationsexperten sind sich überdies einig, dass neben dem Arbeitsklima spannende Arbeitsinhalte der Hauptmotivator für viele Mitarbeiter sind (vgl. Kapitel 1).

4. Danke sagen

Im „Danken“ steckt das althochdeutsche „danc“, also „Denken, Gedenken“ (Duden: Herkunftswörterbuch); Dankbarkeit setzt die „Anerkennung einer materiellen oder immateriellen Zuwendung, die man erhalten hat oder erhalten wird“ voraus (wikipedia). Es geht uns also nicht um die selbstverständliche Höflichkeit eines kurzen „Dankeschön“. Ausdruck echter Anerkennung wird ein Dank, wenn er die Anstrengungen des anderen ausführlich wahrnimmt. Auch hier sind es der aufmerksame Blick und die individuelle Würdigung, die einen Dank dieser Art wertvoll für den Empfänger macht.

Denkanstoß

Wann und wofür haben Sie zuletzt ausführlich „Danke!“ gesagt?

Zum Beispiel ...

... einem Familienmitglied, das immer für Sie da ist,

... einem Dienstleister, der seit Jahren zuverlässig für Sie arbeitet,

... einem Freund, der ein offenes Ohr für Ihre Probleme hat,

... einem Kollegen, von dem Sie etwas gelernt haben?

Ein Mitarbeiter geht nach vielen Jahren in den Ruhestand. Das wird mit einer kleinen Feier gewürdigt. Es gibt Sekt, Blumen, ein Abschiedsgeschenk. Doch was den Mitarbeiter wirklich tief berührt, ist eine kurze Rede seines langjährigen Chefs. Der belässt es nicht bei den üblichen Floskeln, sondern erklärt: „Ich bin dankbar, dass ich Sie in meiner Abteilung hatte.“ Was folgt, ist eine sehr persönliche Würdigung: „Dankbar, weil Sie das Team in schweren Zeiten, etwa ..., aufgemuntert haben. Dankbar, weil Sie mir die Meinung gesagt haben, wenn ich mich verrannt hatte, etwa bei ... . Dankbar, weil ich mich völlig auf Sie verlassen konnte, zum Beispiel als wir ...“ Mit einer solchen Würdigung spenden Sie nicht nur dem Betreffenden Anerkennung, Sie setzen auch ein Zeichen für die gesamte Belegschaft und für eine Kultur des Miteinanders im Unternehmen.

5. Bewunderung

Verehrung kann peinlich wirken

Bewunderung wird im Duden unter anderem mit Begriffen wie „Hochachtung“, „Verehrung“ und „Staunen“ erklärt. Während Lob von oben nach unten funktioniert, ist es bei der Bewunderung umgekehrt: Wer einen anderen für etwas bewundert, blickt zu ihm auf. Das reicht vom grenzenlosen Anhimmeln eines Stars durch seine Fans bis zur konkreten Bewunderung einzelner Leistungen und Fähigkeiten. Bewunderung wachse mit der Entfernung, spottete der Aufklärer Denis Diderot einmal. Das macht die Bewunderung zu einem heiklen Ausdruck von Anerkennung: Mit pauschaler Verehrung macht sich der Bewunderer so klein, dass seine Bewunderung für den Bewunderten schnell peinlich und übertrieben (oder auch naiv) wirken kann. Die berechtigte Bewunderung von Einzelleistungen schmeichelt dem Bewunderten zwar. Häufig wird die schwerer zu erlangende Anerkennung von Kollegen, Fachleuten und Insidern jedoch als wertvoller empfunden als der Enthusiasmus von Außenstehenden oder Laien.

Ein Gartenarchitekt begegnet begeisterten Gartenfreunden („Hach, ist das schön hier!“) und einem erfahrenen Landschaftsgärtner („Ich bewundere Ihre durchdachte Anlage des Gartens, die perfekt auf die Hausfassade abgestimmt ist!“). Die Bewunderung des Fachmanns beruht darauf, dass er den Aufwand, der hinter der Leistung steht, ermessen kann. Ein Laie sieht das Endprodukt, den Aufwand dahinter ahnt er allenfalls.

6. Komplimente

Anerkennungsbonus

Komplimente sind wie kleine Anerkennungsbonbons. Sie tun gut und versüßen den Alltag. Wer einmal durch die USA gereist ist, weiß, dass die Amerikaner weit freigiebiger damit umgehen als wir hierzulande. Sie haben kein Problem damit, einem/einer Unbekannten zu sagen, „You look great!“ oder „I like the way you do your hair!“ Wer das in einer deutschen Fußgängerzone versucht, erntet mit Glück ein Lächeln, nicht selten Befremden. Wir tun uns nicht nur schwer, Komplimente zu machen; ebenso schwer fällt es uns offenbar, sie freudig anzunehmen. Ein schönes Kleid? „Ach, das ist doch nichts Besonderes!“ (Wahlweise: „Ach, das ist schon uralt / das war ein Schnäppchen!“) Unser Tipp: Betrachten Sie Komplimente als die „kleine Anerkennung to go“ für zwischendurch – genießen Sie sie und spenden Sie sie, wenn Ihnen etwas positiv auffällt. Je präziser und je stärker auf die jeweilige Person zugeschnitten, desto besser. „Sie haben so eine herzliche Art, auf die Menschen zuzugehen!“ ist da möglicherweise wirksamer als der Hinweis auf die modische Frisur. Und: Komplimente gehen sogar nach hinten los, wenn sie etwas hervorheben, das für den Empfänger im jeweiligen Kontext sekundär ist.

Bekannte haben sich große Mühe mit der Renovierung ihres Hauses gegeben. Ihr Besuch schweigt zur Ausstattung, gratuliert aber zu den „schönen großen Räumen“, an deren Zuschnitt sich nichts geändert hat.

! Komplimente versüßen das Leben. Sie sind dann besonders wirksam, wenn sie persönlich (individuell) sind und von echter Aufmerksamkeit für den anderen zeugen.

7. Lob

Lob ist ein zweischneidiges Schwert

Lob ist ein zweischneidiges Schwert. Nehmen wir an, der passionierte Hobbykoch hat das Glück, bei einem Sternekoch zum Essen eingeladen zu sein. Nach dem Dessert lobt der Laie den Könner: „Das haben Sie wirklich toll gekocht!" Peinlich, oder? Die fiktive Situation zeigt, was ein Lob problematisch machen kann: Der Meister lobt den Azubi, der Ältere den Jüngeren, die Mutter das Kind, kurz: der „Überlegene" den „Unterlegenen". Lob funktioniert in der Hierarchie nur von oben nach unten. Mit einem Lob fällt man ein Urteil über einen anderen: „Das hast du gut gemacht!" Anerkennung dagegen bleibt auf Augenhöhe: „Mich beeindruckt, wie du das gemacht hast!" Lob freut uns nur, wenn es von jemandem kommt, dessen Überlegenheit und Expertise wir vorbehaltlos akzeptieren. Würde der Sternekoch dem Hobbykoch sagen „Das haben Sie sehr gut gemacht!", wäre der Laie vermutlich hoch erfreut. Wir möchten nur von Menschen beurteilt werden, denen wir ein kompetentes Urteil zutrauen. Beurteilt und lobt uns jemand, dem wir das nicht zugestehen, empfinden wir das als Anmaßung. Darauf spielte Sigmund Freud vermutlich mit seinem bekannten Bonmot an: „Gegen Angriffe kann man sich wehren. Gegen Lob ist man machtlos."

!

Gelobt werden möchten wir nur von jemandem, dessen Erfahrungsvorsprung oder Expertise wir anerkennen.

8. Anerkennung auf Augenhöhe

Anerkennung als fundiertes, positives Feedback auf Augenhöhe ist gar nicht so einfach. Sie ist inhaltlich ausführlicher als ein rasch hingeworfenes Kompliment, nicht so gönnerhaft wie Lob, nicht so einfach zu handhaben wie eine Geldprämie. Wenn Anerkennung gekonnt ausgesprochen wird, bestärkt sie den Empfänger in seinem Verhalten, sie beflügelt (motiviert) ihn und sie schafft oder festigt eine positive Beziehung zwischen dem, der Anerkennung gibt, und dem, der sie empfängt. Das erfordert Überlegung und ein bisschen Mühe, ganz ähnlich wie bei angemessener Kritik (siehe 10). Wir empfehlen einen Dreischritt, um gekonnt Anerkennung auszusprechen:

Anerkennung in drei Schritten

1. Stärke/Eigenschaft benennen
   („Was ich an Ihnen schätze, ist, Sie sind sehr ...")
2. Beweis (Grund für die Anerkennung) anführen
   („Gesehen habe ich es an ...", „Ich sage es, weil es mir bei dieser oder jener Gelegenheit aufgefallen ist.")
3. Frage (Dialog eröffnen – wenn es Zeit und Situation zulassen)
   („Wie machen Sie das?" „Wo oder von wem haben Sie das gelernt?")

Anders als ein häufig sehr pauschales Lob („Super gemacht!") ist Anerkennung, die auf diese Weise geäußert wird, präzise und sehr persönlich. Mehr dazu im Abschnitt „Anerkennung spenden auf Augenhöhe".

! Echte Anerkennung ist konkret, persönlich und auf Augenhöhe mit dem Empfänger.

9. Tadel

Dunkle Zwillingsschwester des Lobs

Tadel ist die dunkle Zwillingsschwester des Lobs: negatives Feedback, das von oben kommt. Niemand lässt sich gerne kritisieren, doch getadelt zu werden ist für die meisten Menschen schlimmer: Sie fühlen sich auf die Schulbank zurückversetzt, gemaßregelt, von oben herab behandelt. Typische Tadel hören sich so an:

- „Sie sollten besser auf Ihre Kinder achten, junge Frau! Bei dem Lärm versteht man ja sein eigenes Wort nicht mehr."
- „Wenn jeder so nachlässig wäre wie Sie, könnten wir den Laden bald schließen."
- „Was haben Sie sich nur dabei gedacht?! So geht es nun wirklich nicht!"

Beziehungsebene geht vor Sachebene

Pauschalkritik wie in den Beispielen oben hat selten die gewünschte Wirkung, sondern provoziert trotziges Schweigen oder Gegenangriffe, weil sie auf die Person als Ganzes zielt. Der Getadelte stellt automatisch die Stacheln auf und ist vor allem bemüht, seinen Selbstwert zu retten. Damit ist er so beschäftigt, dass die sachlichen Inhalte kaum noch zu ihm durchdringen. Typische Reaktionen wie „Kehren Sie erst mal vor der eigenen Tür!" oder „Ich verbitte mir diesen Ton!" illustrieren das. Wer inhaltlich etwas bewegen möchte, tut daher gut daran, sich einen oberlehrerhaften Tadel zu verkneifen.

10. Kritik auf Augenhöhe

Kritik auf Augenhöhe ist die andere Seite der Anerkennung. Wenn Anerkennung glaubwürdig sein soll, muss auch kritisiert werden dürfen, denn wo Negatives unter den Teppich gekehrt wird, verliert auch Positives auf Dauer seine Strahlkraft. Damit das Gegenüber Kritik annehmen kann, sollte sie konkret, nachvollziehbar und sachbezogen sein. Pauschalangriffe auf die Person („Sie sind ...") verlagern die Diskussion sofort auf die Beziehungsebene, siehe Tadel. Gemeinsam fungieren Anerkennung und Kritik wie ein Navigationssystem, das dem Empfänger Orientierung verschafft, welches Verhalten zielführend ist und welches nicht. Richtig eingesetzt, ist Kritik ein notwendiges Verhaltenskorrektiv, das Verbesserungsmöglichkeiten aufzeigt und blinde Flecken in der Eigenwahrnehmung aufhellt. Mehr zum Thema Kritik lesen Sie im Abschnitt „Die zweite Seite der Medaille: Kritik". Hier soll ein kurzes Beispiel genügen.

Die neue Auszubildende in der Eventagentur ist engagiert und denkt mit. Kollegen und Geschäftsleitung sind fachlich angetan, wundern sich jedoch über den saloppen und offenherzigen Kleidungsstil der 18-Jährigen. „So können wir die Frau X nicht auf Kunden loslassen!“, ist die einhellige Meinung: „Die nimmt doch keiner ernst.“ Man einigt sich, dass eine Kollegin Ende zwanzig der Azubine das „schonend beibringen“ soll. Die trifft glücklicherweise den richtigen Ton: „Bist du offen für ein klares Feedback?“, fragt sie, und als die Auszubildende nickt: „Die Hotpants stehen dir super. Meine Erfahrung hier im Unternehmen ist nur: Wenn du rasch vorwärtskommen und beim Kunden eingesetzt werden willst, bremst du dich damit aus.“ Was das heißen soll, will die Auszubildende wissen. „Mir hat mal jemand den Rat gegeben, sich nicht für den Posten zu kleiden, den man hat, sondern für den, den man als Nächstes haben möchte.“ Und tatsächlich: Hotpants und Minirock sind ab dem nächsten Tag gegen ein Büro-Outfit ausgetauscht.

! Wenn die Beziehungsebene gestört ist – Ihr Gegenüber sich angegriffen oder verletzt fühlt –, dringen Sachargumente kaum durch.

Wie viel Anerkennung brauchen Sie?

In unseren Präsentationstrainings üben wir den gekonnten Auftritt vor einer Gruppe mit Videounterstützung. Was uns immer wieder auffällt, ist, wie streng viele Teilnehmer und Teilnehmerinnen mit sich selbst sind. Wenn sie das Video ihres Kurzvortrags sehen, fällt ihnen vieles sofort auf, das an ihnen (vermeintlich) „schrecklich“ ist. Auf die Frage, was man Gutes sieht, kommen häufig nur sehr zögerliche Antworten. Dabei braucht jeder Mensch ein gewisses Maß an Anerkennung. Vorteilhaft für das eigene Selbstbewusstsein und Standing ist, wenn ein Teil dieser Anerkennung sogar von einem selbst kommt!

Sich selbst anerkennen

Anerkennung von innen

Was können Sie besonders gut – sogar besser als die meisten anderen? Worin sind Sie richtig spitze? Viele Menschen verfallen auf diese Frage hin in ratloses Schweigen. Fragt man dagegen nach ihren Schwächen, sprudeln sie nur so los: von schwachen Leistungen im Kopfrechnen bis zur Schwäche für Süßes, von der eigenen Unsportlichkeit bis zur Unfähigkeit, Termine einzuhalten oder sich Namen zu merken. Noch verlegener fallen die Reaktionen aus, lautet die Frage: „Wie zufrieden sind Sie mit sich selbst?" Schließlich gilt Selbstzufriedenheit nicht gerade als Tugend, Bescheidenheit dagegen schon.

Denkanstoß

- Wann haben Sie das letzte Mal Erreichtes gewürdigt und zu sich gesagt: „Gut gemacht!"?
- Wann haben Sie das letzte Mal einen Erfolg gefeiert? Nehmen Sie sich die Zeit, gut zu sich zu sein!

Wir können andere nur wertschätzen, wenn wir uns selbst wertschätzen, haben wir im zweiten Kapitel betont. Und wir werden dann am ehesten in der Lage sein, anderen aufrichtig Anerkennung zu zollen, wenn wir im Bewusstsein eigener Stärken gelassen in uns ruhen. Umgekehrt gilt auch: Menschen gieren besonders dann nach Anerkennung von außen, wenn sie sich ihrer eigenen Fähigkeiten und Verdienste unsicher sind und daher umso mehr Bestätigung von anderen brauchen. Warum fällt es uns so schwer, eigene Stärken und Erfolge anzuerkennen? Die Gründe sind vielfältig:

Was uns hindert, uns selbst anzuerkennen

- **Gewohnheit**
  Was uns leichtfällt, nehmen wir nicht (mehr) als Stärke wahr: „Das ist doch nichts Besonderes!" Dabei ist gerade die Mühelosigkeit, mit der manche Menschen eine Veran-

staltung organisieren, einen zuverlässigen Kostenplan aufstellen, einen schwierigen Partner immer wieder bei seinen Sorgen abholen, ein deutlicher Hinweis auf einschlägige Stärken.

- **Glaubenssätze**
  „Sei wie das Veilchen im Moose", diese Empfehlung aus dem Poesiealbum der Sechzigerjahre ist unausrottbar. Auch Weisheiten wie „Hochmut kommt vor dem Fall" und „Eigenlob stinkt" bekommt mancher mit auf seinen Lebensweg.
- **Fehlerfixiertheit in Schule und Ausbildung**
  Viele Bewertungen, die wir erleben, konzentrieren sich auf Fehler. Unter einem Diktat steht in der Regel nicht „Toll, du hast 97 Worte richtig geschrieben!", sondern da steht: „3 Fehler". Wir lernen, Schwächen mehr Aufmerksamkeit zu widmen.
- **Eine strenge und kritische Erziehung**
  „Sitz gerade!", „Sei still!", „Aus dir wird nie etwas!", „Dich hat der Esel im Galopp verloren!" – erschreckend, was manchen Nachkriegskindern und selbst heute Vierzigjährigen noch mit auf den Weg gegeben wurde. Die „schwarze Pädagogik" der Nazizeit, die vor einer „Verzärtelung" von Kindern warnte, warf einen langen Schatten. Wer als Kind wenig Anerkennung erfährt, zweifelt womöglich lebenslang an sich selbst.
- **(Zu) ehrgeizige Ziele**
  Mit wem vergleichen Sie sich? Wo liegt Ihre Messlatte? Kein Freizeitsportler käme auf die Idee, sich am Olympiasieger zu messen, doch in anderen Bereichen werten wir eigene Leistungen durch unrealistische Ziele und Vergleiche ab. Wenn wir nicht so schnell sind wie der Kollege mit jahrelangem Erfahrungsvorsprung oder nicht so erfolgreich wie der ehemalige Mitschüler, der eine Ausnahmekarriere gemacht hat, hadern wir mit uns. Dabei lässt sich zu fast jeder Leistung oder Eigenschaft jemand finden, der (noch) besser ist.

Es gibt immer jemanden, der (noch) besser ist. Selbst jeder Weltrekordhalter wird früher oder später entthront. Setzen Sie sich realistische Ziele und erkennen Sie an, was Sie erreicht haben!

Eigene Stärken erkennen

Wie kommen Sie Ihren Stärken auf die Spur? Einige Möglichkeiten ergeben sich direkt aus den beschriebenen Hemmnissen:

- Machen Sie sich bewusst, was Ihnen leichtfällt und wo Sie nahezu mühelos gute Ergebnisse erzielen.
- Überlegen Sie, in welchen Bereichen Sie häufig um Rat und Unterstützung gebeten werden.
- Denken Sie daran, bei welchen Aufgaben und Tätigkeiten Sie die Zeit vergessen, weil sie Ihnen großen Spaß machen.
- Fragen Sie andere, denen Sie ein fundiertes und ausgewogenes Urteil zutrauen.

Sich selbst ein guter Freund zu sein und die eigenen Verdienste und Fähigkeiten weder abzuwerten noch kleinzureden ist eine gute Voraussetzung, souverän und selbstbestimmt durchs Leben zu gehen und dadurch auch mehr Anerkennung von außen zu erfahren.

Anerkennung durch andere

Anerkennung von außen

Alle Menschen sind auf Anerkennung anderer angewiesen, auf positive menschliche Resonanz. In einer Atmosphäre eisiger Ablehnung verlieren wir Lebensfreude und Lebensmut. Jenseits von Extremfällen wie Mobbing oder liebloser Heimerziehung variiert jedoch das Ausmaß, in dem wir Anerkennung brauchen, um uns wohlzufühlen, von Person zu Person. Eltern mehrerer Kinder stellen möglicherweise verwundert fest, dass das eine sehr auf Ermutigung und Bestätigung angewiesen ist, um sich etwas zuzutrauen, während das andere draufgängerisch loslegt und eher gebremst werden muss, will man es vor Gefahren schützen.

Das Reiss-Profil

Der US-Psychologe Steven Reiss zählt „Anerkennung" zu den grundlegenden Lebensmotiven, mit denen sich Persönlichkeit und Verhaltensweisen eines Menschen erklären lassen. Für Reiss wird der Mensch nicht primär von frühkindlichen Erfahrungen oder unbewussten Prozessen gesteuert (wie in der Psychoanalyse), sondern von Grundbedürfnissen, die entweder hoch oder niedrig oder auch ausgeglichen ausgeprägt sein können. Auf der Basis umfassender empirischer Erhebungen ermittelten Reiss und sein Team 16 universale Grundbedürfnisse oder „Lebensmotive". Jeder Mensch hat ein individuelles Motivprofil, das sich auf sein Verhalten auswirkt. Neben der Anerkennung stellen wir hier auch die anderen Lebensmotive vor, weil wir sie im Weiteren noch zur Erklärung menschlichen Verhaltens heranziehen werden:

- **Anerkennung:** Bedürfnis danach, Kritik und Ablehnung zu vermeiden
- **Beziehungen:** Bedürfnis nach Freundschaft und Kontakt
- **Ehre:** Bedürfnis danach, sich moralisch integer zu verhalten
- **Eros:** Bedürfnis nach Sexualität
- **Essen:** Bedürfnis nach Nahrung
- **Familie:** Bedürfnis danach, seine eigenen Kinder großzuziehen
- **Idealismus:** Bedürfnis nach sozialer Gerechtigkeit
- **Körperliche Aktivität:** Bedürfnis nach Bewegung
- **Macht:** Bedürfnis danach, andere zu führen, voranzugehen und Ziele zu erreichen
- **Neugier:** Bedürfnis nach Lernen
- **Ordnung:** Bedürfnis nach Struktur
- **Rache:** Bedürfnis danach, sich mit anderen zu messen
- **Emotionale Ruhe:** Bedürfnis nach Stabilität
- **Sparen:** Bedürfnis danach, materielle Güter zu sammeln und anzuhäufen
- **Status:** Bedürfnis nach Prestige und öffentlichem Ansehen
- **Unabhängigkeit:** Bedürfnis nach Eigenständigkeit[30]

Die Definition von Anerkennung als „Bedürfnis, Kritik und Ablehnung zu vermeiden" deutet bereits auf die beiden Pole dieses Merkmals hin: Eine extrem hohe Ausprägung (ein sehr starkes Anerkennungsmotiv) geht einher mit Furcht vor Kritik, Unsicherheit, geringem Selbstvertrauen bis hin zur „Selbsterniedrigung" im Bemühen, anderen zu gefallen. Der eigene Selbstwert wird stark von der Meinung anderer beeinflusst. Eine extrem niedrige Ausprägung (ein sehr schwaches Anerkennungsmotiv) führt zu einem Verhalten, das auf andere durch die Gleichgültigkeit gegenüber deren Reaktion „übertrieben selbstbewusst" wirken kann.[31] Die meisten Menschen bewegen sich eher im Mittelfeld: Sie sind auf Anerkennung von außen angewiesen, allerdings nicht bis zur Selbstaufgabe. Sie sind empfindlich gegen Kritik, vermeiden sie jedoch nicht um jeden Preis.

Selbstbewusstsein und Anerkennung

Je selbstsicherer jemand auftritt, desto schwächer ist wahrscheinlich sein Anerkennungsmotiv. Kritik spornt selbstsichere Menschen eher an („Jetzt erst recht!"), sie trauen sich Dinge zu, probieren Neues aus. Gleichzeitig sind sie tendenziell weniger sensibel für die Bedürfnisse anderer. Weniger selbstsichere Menschen reagieren empfindlich auf Kritik und haben Angst vor Zurückweisung. Sie strengen sich mitunter maßlos an und neigen zum Perfektionismus, um die ersehnte Anerkennung zu bekommen. Gleichzeitig haben sie feinere Antennen für die Bedürfnisse anderer. Menschen mit durchschnittlich ausgeprägtem Anerkennungsmotiv reagieren je nach Situation mal mehr, mal weniger selbstbewusst, ohne besondere Ausschläge in die eine oder andere Richtung.

Wie wichtig ist Anerkennung für Sie?

Vielleicht sind Sie inzwischen neugierig, wie stark Ihr eigenes Anerkennungsmotiv ist? Einen kurzen Test, der Ihnen einen ersten Eindruck gibt, welche Ihrer Lebensmotive stark, schwach oder durchschnittlich ausgeprägt sind, skizziert Reiss am Ende seines Buches[32]. Sie finden ihn auch im Internet unter den Suchbegriffen („Reiss Profile Kurztest")[33]. Hier die Schlüsselfragen zum Thema Anerkennung:

Die Anerkennung

Bitte kreuzen Sie spontan an, was auf Sie zutrrifft.

Hohe Anerkennung

1. Sie sind merklich unsicherer als die meisten Menschen. ☐
2. Sie haben mehr Schwierigkeiten als die meisten Menschen, mit Kritik umzugehen. ☐
3. Man sagt Ihnen nach, unbeständig in Bezug auf Ihre Leistung zu sein. ☐

Niedrige Anerkennung

4. Sie sind selbstsicher. ☐
5. Man sagt Ihnen nach, in Bezug auf Ihre Leistung beständig zu sein. ☐
6. Sie haben eine „Kann ich"-Einstellung. ☐

Auswertung:

Zahl Ihrer Kreuze bei den Punkten 1, 2 und 3 ______

abzüglich der Zahl Ihrer Kreuze bei den Aussagen 4, 5 und 6 ______

Ihr Ergebnis ______

Ergebnisauswertung:

Hohe Anerkennung:	+2	oder +3
Niedrige Anerkennung:	−2	oder −3
Durchschnittliche Anerkennung:	−1, 0	oder +1

Natürlich kann eine derartige Kurzeinschätzung nur eine grobe Orientierung geben. Persönlichkeitsprofile wie das Reiss-Profil decken zudem selten etwas auf, was man mit etwas Selbstreflexion nicht schon geahnt hätte. Ihr Verdienst liegt darin, ein Bewusstsein zu schaffen für die persönliche Ausprägung im Verhältnis zu anderen und damit Erklärungen zu liefern für die

Unterschiedlichkeit, mit der wir Menschen einander wahrnehmen. Anders ist anders – nicht „falsch". Daher ist das Reiss-Profil ein guter Ausgangspunkt, um über die eigene Person nachzudenken. Außerdem sensibilisiert das Profil unter anderem für die Schattenseiten eines hohen Anerkennungsmotivs. Denn so berechtigt und nachvollziehbar das Bedürfnis nach Anerkennung ist und sosehr wir Sie ermutigen, verdiente Anerkennung einzufordern, so heikel ist es gleichzeitig, sich in eine extreme Abhängigkeit von der Anerkennung anderer zu begeben. Dient die Anerkennung von außen dazu, ein schwaches Selbstbewusstsein zu kompensieren, gleicht das dem Schicksal eines Wüstenwanderers, der versucht, seinen Durst mit Salzwasser zu löschen: Je mehr er trinkt, desto durstiger wird er. Noch so viel Anerkennung von außen kann ein gravierendes Selbstwertproblem nicht lösen – denken Sie an viel bewunderte Stars, die in Depressionen versinken. Deshalb ist es so wichtig, einen Blick für die eigenen Stärken und Verdienste zu bewahren und sich auch selbst Anerkennung zu zollen.

Genießen Sie die Anerkennung, die Sie von anderen erhalten, doch machen Sie sich nicht abhängig davon!

Wenn Sie Ihrem eigenen Bedürfnis nach Anerkennung weiter auf den Grund gehen wollen, bewähren sich folgende Fragen:

- Von wem möchten Sie anerkannt werden?
- Wofür möchten Sie Anerkennung erhalten?
- Wie bekommen Sie mehr von der Anerkennung, die Sie sich wünschen?

Anerkennung von wem?

Die Kritik mancher Menschen prallt an uns ab, die Kritik anderer schmerzt uns außerordentlich. Dies ist ein untrügliches Indiz dafür, wessen Anerkennung wir uns vor allem wünschen. Das gilt für Erwachsene wie für Kinder gleichermaßen.

Der Zweitklässler ist todunglücklich: Der bewunderte Grundschullehrer verteilt „Gummikrokodile" an Kinder, die etwas besonders gut gemacht haben. Er selbst hat noch nie eins bekommen. Die Mutter schenkt ihm daraufhin eine ganze Tüte dieser Süßigkeit, um ihn zu trösten. Doch das funktioniert nicht: „Die will ich nicht. Ich will eins von Herrn Schulze!"

Viele Menschen sehnen sich zeitlebens nach der Anerkennung ihrer Eltern, andere vermissen vor allem die Anerkennung des Partners, des eigenen Chefs oder der eigenen Kinder.

Anerkennung wofür?

Die heutige Großelterngeneration mag noch Wert darauf gelegt haben, für hausfrauliche Tugenden oder besondere Zuverlässigkeit als „Familienernährer" und Heimwerker Anerkennung zu erhalten. Doch unsere Wertvorstellungen und Lebensziele haben sich gewandelt. Wir möchten für das anerkannt werden, was uns selbst wichtig ist, seien es die sportliche Figur, das perfekte Styling, die berufliche Karriere, das ehrenamtliche Engagement, die technischen Fähigkeiten, die kreativen Ideen ...

Wie Anerkennung bekommen?

Patentrezepte gibt es nicht. Anerkennung kann man nicht buchen wie eine Wellness-Behandlung. Einige Impulse, die Ihnen helfen könnten:

Spenden Sie selbst Anerkennung, gerade den Personen, von denen Sie sich welche wünschen. Voraussetzung ist natürlich, dass Sie etwas finden, das anerkennenswert ist. Unsere These: Wenn Sie nichts finden, haben Sie noch nicht genau genug hingeschaut! Häufig kommt postwendend etwas zurück, wenn man sich selbst positiv gegenüber anderen äußert.

Im Rahmen eines Seminars erhält eine Teilnehmerin wie alle anderen die Aufgabe, die „wichtigste Person in ihrem beruflichen Umfeld" noch am selben Abend anzurufen, dieser Person eine Anerkennung zu geben und zu sagen, was sie an ihr besonders schätzt. In ihrem Fall ist das der Vertriebsdirektor, der für seine pauschale Kritik an seiner Mannschaft berüchtigt ist. Als die Teilnehmerin ihrem Vorgesetzten für seine Weitsicht, Hartnäckigkeit und Offenheit erstmals ihre Anerkennung ausspricht, ist der erst einmal sprachlos, dann erfreut und am Ende „ziemlich bewegt". Dann revanchiert er sich gleichermaßen mit einer Anerkennung der Verdienste der Mitarbeiterin. Am nächsten Tag verblüfft er weitere Mitarbeiter seines Teams mit einer noch nie dagewesenen Anerkennung für das Geleistete.

Bitten Sie die betreffende Person offen um ihr Feedback. Formulieren Sie dabei eine präzise Frage: „Wie beurteilst du eigentlich mein Engagement in der Elterninitiative?"; „Wie beurteilen Sie die Qualität meiner Arbeit im Projekt X?". Auf die Frage nach dem „Urteil" bekommen Sie wahrscheinlich eine differenziertere Reaktion, als wenn Sie nur fragen: „Was hältst du/halten Sie von x?" Da ist die Versuchung groß, pauschal mit einem „Ist doch prima" zu reagieren. Rechnen Sie damit, dass Ihr Gegenüber möglicherweise ein niedrigeres Anerkennungsmotiv hat als Sie und nicht aus böser Absicht mit Anerkennung geizt, sondern weil diese für ihn selbst nicht so eine wichtige Rolle spielt. Sollte die Reaktion dennoch vage ausfallen, können Sie nachhaken: „Was konkret war gut, was weniger gut?"

Menschen mit niedrigem Anerkennungsmotiv ist möglicherweise nicht bewusst, dass ihr Gegenüber sich mehr Anerkennung wünscht.

Die Tücken falscher Bescheidenheit

Nehmen Sie Anerkennung an und reagieren Sie positiv darauf. Es ist frustrierend für jemanden, der sich die Mühe gemacht hat, genau hinzuschauen und dem anderen zu sagen, was er an ihm und seinem Tun schätzt, mit Antworten abgespeist zu werden wie: „Das war doch nichts!", „Andere hätten das bestimmt auch gekonnt", „Wenn ich mehr Zeit gehabt hätte, wäre es noch viel besser geworden", „Ach, jetzt übertreiben Sie aber!", „Meinen Sie wirklich? Also, ich finde ja, ich hätte lieber x getan und y vermieden und bei z fehlt noch ..." Wenn Sie sich selbst bei solchen Sätzen ertappen, leiden Sie offenbar an chronischer Tiefstapelitis. Manche Menschen kokettieren sogar mit übertriebener Bescheidenheit, in der etwas verqueren Hoffnung, dem Gegenüber auf diese Weise noch mehr lobende Worte zu entlocken: „Doch, doch, das war wirklich sehr gut!" Wahrscheinlicher ist, dass der andere seine Bemühung einstellt, nach dem Muster: „Dann eben nicht!" Bedanken Sie sich einfach und sagen Sie dem Gegenüber, wie sehr Sie sich über seine Anerkennung freuen.

Anerkennung spenden auf Augenhöhe

Aufmerksam sein

Kennen Sie die folgende Situation? Ein Kleinkind hat ein Bild gemalt, mit Feuereifer und voller Konzentration. Jetzt präsentiert es das Werk. Mutter, Vater, Tante oder großer Bruder werfen einen Blick darauf und sagen: „Oh, schön!" Oder: „Toll!" Dann wenden sie sich wieder der Zeitung zu, checken das Smartphone oder setzen eine andere Beschäftigung fort. Ist das Kind zufrieden damit? In der Regel nicht. „Du musst richtig gucken!", fordert mancher Knirps. Schon ein Dreijähriger spürt, ob sein Gegenüber echtes Interesse aufbringt. Wir behaupten: Ein bisschen von diesem Dreijährigen steckt noch in jedem von uns, selbst in Ihrem Chef oder der kühlen Nachbarin.

Die Kleinstadt-Apotheke hat aufgerüstet. Da der Platz beschränkt ist, befördert neuerdings ein computergesteuertes System die Medikamente aus dem Lager im Keller per Rohrpost auf Knopfdruck nach oben. Als eine Kundin das anspricht („Oh, das ist ja toll! Sie können das Medikament hier anwählen? Wie funktioniert denn das?!"), blüht der sonst so zurückhaltende Inhaber förmlich auf. Er holt zu einer Erklärung aus, demonstriert das Ganze noch einmal und verabschiedet die Kundin mit einem Lächeln.

Zurück zum Kind. Was erwartet es? Ungeteilte Aufmerksamkeit, interessiertes Nachfragen, Zeit. Es brennt darauf, über sein Bild zu sprechen. Diese drei Elemente – Aufmerksamkeit, durch Fragen bekundetes echtes Interesse, Zeit – bilden das Kernstück echter Anerkennung.

Sagen Sie dem anderen, was Sie an ihm schätzen, dies ist der erste Schritt für Anerkennung auf Augenhöhe. Dies setzt voraus, dass Sie genau hinschauen. Anerkennenswert sind dabei sowohl dauerhafte Verhaltensweisen als auch Einzelleistungen, sowohl Ergebnisse als auch Ideen und Vorschläge, sowohl hartnäckige Anstrengungen als auch erreichte Ziele. Beispiele:

Schritt 1: „Was ich an Ihnen schätze ..."

- „Was ich an Ihnen schätze, ist, dass Sie auch im größten Trubel einen kühlen Kopf bewahren und alles Notwendige veranlassen."
- „Was mir aufgefallen ist: wie präzise Ihre Präsentation gestern war und wie gekonnt Sie das Publikum einbezogen haben."
- „Mich beeindruckt, wie geduldig und freundlich du mit deinem demenzkranken Vater umgehst."

Denkanstoß

Genau hinschauen
Mit einem kleinen Trick können Sie Ihre Wahrnehmung für Menschen schärfen, mit denen Sie täglich zu tun haben und an die Sie sich so gewöhnt haben, dass Sie deren Stärken und Verdienste glatt übersehen. Stellen Sie sich bei Ihrer nächsten Begegnung vor, dass Sie den Betreffenden zum ersten Mal sehen. Was fällt Ihnen auf? Stellen Sie sich die Frage: „Welche Eigenschaft macht es möglich, dass er oder sie diese Leistung erbringen kann?" Sie werden erstaunt sein, wie viel Ihnen auf einmal einfällt, wenn Sie diesen „Umweg" gehen.

Echte Anerkennung kommt von Herzen. Sie sollten also nur dann etwas anerkennen, wenn Sie es auch wirklich so meinen. Alles andere würde Ihr Gegenüber ohnehin spüren und als hohle Schmeichelei empfinden. Wenn Sie meinen, es gebe bei einer Person nichts anzuerkennen, fragen Sie sich, ob Sie wirklich genau genug hingeschaut haben. Und prüfen Sie, welche Messlatte Sie anlegen. Was für Sie ein Klacks ist, kann für jemand anderen eine echte Herausforderung bedeuten. Wer über seinen Schatten gesprungen ist, Bedenken oder gar Ängste überwunden hat, Neues gewagt hat, hat Anerkennung dafür verdient.

Schritt 2: „Gesehen habe ich es an ..."

Begründen Sie im zweiten Schritt Ihre anerkennenden Worte. Damit beweisen Sie, dass Sie es wirklich ernst meinen und die Anerkennung nicht nur dahingesagt ist. Im Falle der Beispiele könnte das so aussehen:

- „Was ich an Ihnen schätze, ist, dass Sie auch im größten Trubel einen kühlen Kopf bewahren und alles Notwendige veranlassen.
  → Ich sage das, weil Sie gestern trotz der großen Zahl der Gäste den Veranstaltungsablauf optimal im Griff hatten. Selbst als die Technik ausfiel, haben Sie das im Nu gelöst."
- „Was mir aufgefallen ist: wie präzise Ihre Präsentation war und wie gekonnt Sie das Publikum einbezogen haben.
  → Deutlich wurde das für mich bei den Zwischenfragen von Frau M., die Sie souverän aufgegriffen haben."
- „Mich beeindruckt, wie geduldig und freundlich du mit deinem demenzkranken Vater umgehst.
  → Gesehen habe ich es an deinem gelassen Umgang mit seinen wiederholten Fragen, wo er ist und wann er nach Hause kann, obwohl er daheim im Sessel saß."

Schritt 3: „Wie machen Sie das?"

Wenn es Zeit und Situation zulassen, eröffnen Sie im dritten Schritt einen Dialog, indem Sie eine Frage anschließen: „Wie schaffen Sie das?" „Wie machen Sie das?" oder „Wie bekommst du das hin?". Geben Sie dem anderen Gelegenheit, sich mitzuteilen, seine Sicht der Dinge zu schildern. Lassen Sie sich nicht davon abschrecken, dass Ihr Gegenüber möglicherweise verlegen reagiert oder abwimmelt („Ach, das ist doch nicht der Rede wert!"). Sosehr sich die meisten Menschen Anerkennung wünschen, so überrumpelt sind sie manchmal, wenn sie diese tatsächlich bekommen. Hören Sie aktiv zu: Konzentrieren Sie sich auf den anderen, fragen Sie eventuell nach: „Ich habe mich gefragt, wie / von wem du das gelernt hast.“ Oder: „Woher nehmen Sie diese Gelassenheit?“

Wenn es Zeit und Situation erlauben, verbinden Sie Anerkennung mit der Frage, wie Ihr Gegenüber das schafft. Sie beweisen aufrichtiges Interesse und werden Überraschendes lernen!

Übung: Den Dreischritt der Anerkennung ausprobieren

Notieren Sie gleich hier, wem Sie in den nächsten 24 Stunden auf diese Weise Anerkennung spenden wollen:

Was finden Sie anerkennenswert?

Wie wollen Sie Ihre Anerkennung formulieren?

Im Unternehmenskontext bietet diese Form der Rückmeldung auf Augenhöhe eine ideale Eröffnung für Gespräche, um Interessen und Entwicklungsmöglichkeiten eines Mitarbeiters auszuloten. Vielleicht erfahren Sie, dass er gerne mehr Projekte dieser oder jener Art übernehmen und dafür anderes abgeben würde. Vielleicht schließt sich ein Austausch darüber an, wie bestimmte Prozesse im Unternehmen optimiert werden könnten.

Anerkennung: zweckfrei und zeitnah

Dies bedeutet nicht, dass Anerkennung für andere Ziele instrumentalisiert werden sollte: Anerkennung ist zweckfrei, ohne Hintergedanken. Doch Menschen, die sich in ihrer Leistung, in ihrem Beitrag anerkannt fühlen, sind in der Regel eher bereit, sich zu engagieren. Sie fühlen sich in ihrer Anstrengung gewürdigt. Bleibt die Anerkennung aus, fährt mancher sein Engagement herunter, nach dem Motto: „Wenn es keiner merkt, kann ich es ja auch sein lassen." Hier wirkt das „Effektgesetz", das der US-Psychologe und Lerntheoretiker Edward Lee Thorndike formulierte: Hat ein Verhalten positive Konsequenzen, neigen wir dazu, es zu wiederholen. Sind die Konsequenzen negativ, sinkt die Wahrscheinlichkeit der Wiederholung.[34] Wie schon im ersten Kapitel ausgeführt, empfinden die meisten Menschen auch das Ignorieren ihrer Anstrengungen als negativ und sogar noch schlimmer als kritische Worte. „Nicht geschimpft" ist also mitnichten „genug gelobt"! Damit eine Reaktion Wirkung zeigt, ob positiv oder negativ, sollte sie zudem zeitnah erfolgen. So erlebt der Adressat den Zusammenhang zu seinem Verhalten auch tatsächlich. Einem Mitarbeiter erst Monate später im Jahresgespräch Anerkennung zu zollen wirkt schwächer als eine unmittelbare Rückmeldung. Einem Freund bestätigen Sie ja auch nicht gesammelt am nächsten Geburtstag, dass seine Unterstützung in den letzten zwölf Monaten wertvoll für Sie war.

Im beruflichen wie im privaten Kontext trägt echte Anerkennung genau wie Wertschätzung zu gelingenden Beziehungen bei. Das „Beziehungskonto" wird mit Anerkennung gefüllt. Sie vermittelt das Gefühl, wahrgenommen, ernst genommen und geschätzt zu werden. Auf dieser Basis werden dann bei anderer Gelegenheit auch kritische Worte möglich, ohne den anderen gleich in die Defensive zu drängen.

Die zweite Seite der Medaille: Kritik

Eigentlich ist es ein Segen, Menschen zu kennen, die einem unangenehme Wahrheiten sagen. Solche Menschen helfen uns, blinde Flecken in der Eigenwahrnehmung aufzuhellen und uns weiterzuentwickeln. Denken Sie an die kompetente Auszubildende im Beispiel weiter vorne, die sich durch unpassende Kleidung beinahe Chancen im Unternehmen verbaut hätte und von einer wohlmeinenden Kollegin zur richtigen Zeit den richtigen Hinweis bekam. Wie gesagt: „eigentlich". Denn in der Praxis ist und bleibt jede Form von Kritik, auch sehr berechtigte Kritik, ein Souveränitätstest für den Empfänger. In diesem Abschnitt geht es darum, wie Kritik erfolgreich angebracht werden kann.

Vertrauenswürdige Menschen zu kennen, die einem auch unangenehme Wahrheiten sagen, ist ein großes Glück!

Gängige Tipps zum Kritikgespräch

Worauf Sie achten sollten

„Erfolgreiche Kritik" ist in unserem Verständnis lösungsorientiert und zielt stets auf Verbesserungen ab. Kritik ist kein Selbstzweck, sie dient dem Herbeiführen von Lösungen. Was es dazu braucht, kann man in zahlreichen Büchern nachlesen. Kennzeichnend für konstruktive Kritik sind danach folgende Punkte:

- Die Kritik wird *unter vier Augen* geäußert, nicht vor Dritten. „Zeugen" führen fast automatisch dazu, dass der Kritisierte in Verteidigungsstellung geht.
- Die Kritik basiert nicht auf Hörensagen oder ungeprüften Aussagen Dritter, sondern auf *eigener Anschauung* oder *geprüften Fakten*. Aussagen wie „Mir ist zu Ohren gekommen ..." verlagern das Gespräch sofort von der eigentlichen Sachfrage auf die Frage der Informationsquelle („Von wem haben Sie das?!").

Kritikpunkte benennen

- Die Kritik ist *konkret und präzise*: Sie benennt Beispiele oder Vorkommnisse. Sie zielt also auf die Sache („Obwohl wir vereinbart haben, dass du spätestens um 23 Uhr zu Hause bist, ist es die letzten beiden Male über eine Stunde später geworden“) und nicht auf die Person als ganze („Auf dich kann man sich einfach nicht verlassen!“). Pauschalisierungen („Du kommst immer zu spät nach Hause!“) werden ebenfalls vermieden.
- Die Kritik erfolgt auf *Augenhöhe*, nicht von oben herab. Kritische Äußerungen von oben herab bezeichnen wir als Tadel („Das muss ich mir nicht bieten lassen! Ab sofort werden Sie Folgendes tun: ...“, siehe auch weiter vorne). Augenhöhe wird am ehesten durch Ich-Botschaften hergestellt („*Mich* beunruhigt es, wenn du dich verspätest“, „*Ich* befürchte, dass wir Aufträge verlieren, wenn Sie Zusagen an Kunden nicht einhalten“).
- Die Kritik erfolgt *zeitnah*, nicht Wochen oder gar Monate später. „Ich ärgere mich schon seit Monaten über dich!“ oder „Schon bei der letzten Messe haben Sie es versäumt, die Standfläche mit mir abzustimmen!“ – Äußerungen wie diese führen fast automatisch dazu, dass die Emotionen hochkochen.
- Die Kritik gibt dem Kritisierten Gelegenheit zu einer *Stellungnahme*: „Was meinen Sie / Was meinst du dazu?“
- Die Kritik ist *lösungsorientiert*, wobei der Lösungsvorschlag im Idealfall vom Kritisierten selbst kommt: „Was werden Sie / wirst du tun, um das zukünftig zu verhindern?“ Dies trägt der Erfahrung Rechnung, dass eigene Vorschläge mit höherer Wahrscheinlichkeit umgesetzt werden als die anderer.[35]

! Konstruktive Kritik ist lösungsorientiert, nicht personenorientiert.

So weit, so gut. Dieses kleine Einmaleins des Kritikgesprächs kann allerdings in vielen Fällen nicht verhindern, dass Kritik beleidigt zurückgewiesen, mit einem Gegenangriff beantwortet oder mit verstocktem Schweigen quittiert wird. Um das zu verhindern, muss man das Bild ein bisschen größer zeichnen. Relevant sind dabei vor allem drei Fragen:

Worauf es bei Kritik noch ankommt

1. Wie sieht der Kritisierte das Thema? Kann er die Kritik überhaupt nachvollziehen?
2. In welchem (emotionalen) Zustand ist der Kritisierte?
3. In welcher Beziehung steht der Kritisierte zum Kritiker?

Wie sieht der Kritisierte das Thema?

Gehen wir davon aus, dass niemand mit voller Absicht etwas falsch macht oder bewusst Schaden anrichtet. Normalerweise handeln Menschen nach bestem Wissen und Gewissen. Wenn Sie als Chef diese Annahme in Bezug auf Ihre Mitarbeiter nicht unterschreiben können, haben Sie ein sehr ernstes Problem, entweder mit Ihren Mitarbeitern oder mit Ihrem Menschenbild. Mit einem Kritikgespräch sind Fragen dieser Art kaum zu lösen.

Wie Kritik ankommt, wird also davon beeinflusst, wie der Kritisierte selbst sein Verhalten beurteilt. Interessant ist in diesem Zusammenhang ein Ansatz des kanadischen Psychologen Albert Bandura, der sich Jahrzehnte mit der Frage beschäftigt hat, wie wir lernen. Bandura unterscheidet vier Stufen der Kompetenz:

Was weiß der Empfänger?

1. **Unbewusste Inkompetenz:**
   Jemand weiß nicht, dass er etwas nicht weiß oder nicht kann, das heißt, er hat kein Gespür für die eigenen Defizite.
2. **Bewusste Inkompetenz:**
   Jemand weiß, dass er etwas nicht weiß oder nicht kann, ändert eventuell jedoch nichts daran. Mit der entsprechenden Haltung (Ja, ich will etwas ändern) entsteht der Wunsch, eine neue Kompetenz zu entwickeln.

3. **Bewusste Kompetenz:**
   Jemand hat die Kompetenz, etwas zu tun, muss sich dabei allerdings konzentrieren, also die Handlung bewusst ausführen.
4. **Unbewusste Kompetenz:**
   Jemand beherrscht etwas aus dem Effeff, ohne sich darauf konzentrieren zu müssen. Die Handlung läuft weitgehend automatisiert ab.

Ein europäischer Manager wird nach China versetzt. Ihm ist zunächst nicht bewusst, dass dort andere Spielregeln für Auftreten und Verhalten gelten (unbewusste Inkompetenz). Als er mehrfach aneckt und Verhandlungen scheitern, keimt in ihm das Gespür für die eigenen Defizite (bewusste Inkompetenz). Mithilfe von Büchern und Kursen eignet er sich die chinesische Business-Etikette an, muss sich aber konzentrieren, um nichts falsch zu machen (bewusste Kompetenz). Nach einigen Jahren in China ist ihm das neue Verhalten in Fleisch und Blut übergegangen, er befolgt es, ohne darüber nachzudenken (unbewusste Kompetenz).

Defizite diplomatisch ansprechen

Damit Kritik angenommen werden kann, sollte sie den Empfänger dort abholen, wo er steht. Naturgemäß wird dies entweder die Stufe 1 oder die Stufe 2 sein. Wer gar nicht weiß, dass er etwas falsch macht (unbewusste Inkompetenz), braucht weniger Kritik als vielmehr behutsame Hinweise. Nehmen wir an, der unpassend gekleideten Auszubildenden fehlt jedes Bewusstsein für die Anforderungen an „seriöse Bürokleidung“, weil weder im Elternhaus noch in der Schule Wert auf angemessene Kleidung gelegt wurde. Sie will nicht provozieren, sie weiß es schlicht nicht besser. In diesem Fall wäre es ungeschickt, ein Kritikgespräch nach klassischem Muster zu führen. Vermutlich wäre die junge Frau wie vor den Kopf geschlagen, wenn es hieße: „Mir ist aufgefallen, dass Sie gestern einen Minirock und vorgestern ein sehr tief ausgeschnittenes Top trugen. Ich mache mir Sorgen, wie das auf Kunden und Kollegen wirkt. Bitte kleiden Sie sich zukünftig der Situation angemessen.“ Zielführender ist es, blinde Flecken in der Selbstwahrnehmung oder Unwissenheit diplomatisch anzusprechen: „Mir ist aufgefallen, dass Sie sich sehr sommerlich kleiden. Ich weiß nicht, ob Ihnen bewusst ist, dass es hier im Unternehmen eine ungeschriebene Kleiderordnung gibt?" Verneint die Auszubildende das, kann man eine Erklärung liefern und eine freundliche Empfehlung geben. Kennt sie dagegen die Kleiderordnung, wäre das bewusste Inkompetenz und Anlass für ein kritisches Feedback.

Wer gar nicht weiß, dass er etwas falsch macht (= unbewusste Inkompetenz), braucht Hintergrundinformationen oder sensible Hinweise, nicht Kritik.

In welchem (emotionalen) Zustand ist der Kritisierte?

Wie geht es dem Empfänger?

Unbewusste Inkompetenz lullt uns auf der Insel der Glückseligkeit in arglose (wenn oft auch grundlose) Zufriedenheit. Bewusste Inkompetenz dagegen ist eine emotional schwierige Situation. Wir fühlen uns nicht gut, wenn wir merken, dass wir bei einer Präsentation die Aufmerksamkeit der Teilnehmer verlieren. Wir hadern selbst damit, wenn wir erkennen, dass das feine Menü fade schmeckt. Wir sind ratlos, wenn wir uns eingestehen müssen, dass alle Versuche, den Nachwuchs zur gewissenhaften Erledigung der Hausaufgaben zu veranlassen, erfolglos waren. Häufig suchen wir in solchen Situationen die Schuld bei anderen: Die Adressaten der Präsentation sind eben desinteressiert, das Kochbuch taugt nichts, der strenge Klassenlehrer vermiest den Kindern die Freude am Lernen. In dieser Melange von Emotionen sind wir nicht gerade wild darauf, dass uns auch noch jemand erklärt, was wir falsch gemacht haben oder dass wir für einen misslichen Zustand sogar mitverantwortlich sind. Dabei wäre gerade dann ein Impuls von außen hilfreich! Damit er nicht verpufft, sollten Sie als Kritikgeber abschätzen, ob der Empfänger zurzeit überhaupt aufnahmebereit ist. Kluge Ehepartner oder versierte Führungskräfte wissen, dass es manchmal gut ist, die Kritik auf den nächsten Tag zu verschieben. Häufig tut dieses Überschlafen auch einem selbst gut – immer dann, wenn man als Kritikgeber selbst betroffen und daher vielleicht verärgert oder aufgewühlt ist.

In welcher Beziehung steht der Kritisierte zum Kritiker?

Wie sieht die Beziehung aus?

Ganz einfach gesagt: Ist eine Beziehung gut, hält sie auch Kritik aus. Das gilt in Ehe, Freundschaft oder Kindererziehung ebenso wie unter Kollegen oder zwischen Chef und Mitarbeiter. Insofern ist ein freundlicher, wertschätzender Umgang die beste Vorsorge für schwierige Zeiten. Wer überzeugt ist, dass der andere es grundsätzlich gut mit ihm meint, kann auch kritische Worte annehmen. Ist die Beziehung dagegen belastet, wird dieselbe inhaltliche Kritik anders gewertet: „Das sagst du nur, um mich fertigzumachen!" Oder: „Dem Chef kann ich es ohnehin nicht recht machen. Also was soll's!"

Wie steht es um die Kompetenz des Kritikers?

Neben der Beziehungsqualität ist von Belang, ob der Kritikempfänger den Kritiker für kompetent hält. Ist der Kritiker der Präsentation selbst für langweilige Vorträge berüchtigt, reagiert der Kritisierte wahrscheinlich empfindlich. Mahnt der Vater die Erledigung der Hausaufgaben an, lässt aber selbst häufig Zusagen platzen, fallen seine Worte beim Kind kaum auf fruchtbaren Boden. Zu leicht lässt sich sagen (oder zumindest denken), der andere solle erst einmal vor der eigenen Tür kehren. Wer Kritik anbringen möchte, sollte daher überlegen, ob der Kritisierte diese von ihm überhaupt annehmen kann. Wenn es darum geht, Lösungen herbeizuführen, und nicht darum, eigenem Ärger Luft zu machen, ist es manchmal klüger, jemand anderen zu bitten, das Gespräch zu führen. Das könnte etwa die Mutter in der Hausaufgabenfrage sein, in der Vortragsfrage ein Kollege, der gekonnt präsentiert. Auch für konstruktive Kritik möchten wir Ihnen ein schrittweises Vorgehen vorschlagen, das wir im nächsten Abschnitt skizzieren.

Ob der Empfänger Kritik annehmen kann, hängt auch von seiner Beziehung zum Kritiker ab.

Richtig kritisieren in fünf Zügen

Schritt 1: „Darf ich?"

Wir empfehlen, jemanden, der sich einer bestimmten Inkompetenz bewusst ist, im ersten Schritt offen zu fragen, ob er bereit ist für ein Feedback: „Darf ich etwas dazu sagen?“ oder „Sind Sie offen für ein kritisches Feedback?“ oder „Es gibt ein Thema, das ich mit Ihnen besprechen muss, ist jetzt der richtige Zeitpunkt?“. Allein die Bitte um Erlaubnis senkt die Wahrscheinlichkeit, dass der andere gleich die Stacheln ausfährt. Die Kritik kommt zu einem geeigneten, eventuell auch zu einem vereinbarten Zeitpunkt und als wohlmeinender Hinweis, nicht als Maßregelung. Winkt der andere ab, weil er momentan zu aufgewühlt ist, keine Zeit hat oder mit dem Kopf woanders ist, vertagen Sie Ihre Anmerkungen besser. Wer momentan nichts hören will, wird auch nicht aufnehmen, was Sie sagen, seien Ihre Argumente noch so gut. Auch für den Schritt von der unbewussten Inkompetenz hin zur bewussten braucht es generell die Bereitschaft, eine Anregung oder eine Kritik erfahren zu wollen. Hier trifft Kritik sogar noch stärker, denn der Adressat ist ja ahnungslos, dass er ein kritikwürdiges Verhalten an den Tag legt. Denken Sie zum Beispiel an jemanden, dem nicht bewusst ist, dass er unangenehm riecht.

Schritt 2: „Ich schätze ..."

Oft wird empfohlen, „positiv“ in ein Kritikgespräch einzusteigen. Grundsätzlich stimmt das. Der Rat geht allerdings nach hinten los, wenn Sie die bittere Pille einfach „irgendwie“ verzuckern und etwas loben, das mit Ihrer Kritik nichts zu tun hat. Der Empfänger fühlt sich veralbert, wenn erst sein neues Auto bewundert und dann seine langweilige Präsentation kritisiert wird. „Ich schätze Ihre Fachkompetenz zum Thema“ oder „Ich habe wahrgenommen, dass Sie sich sehr akribisch vorbereitet haben“ könnten themenbezogene Würdigungen lauten. Dabei gilt: Zu würdigen gibt es immer etwas, und sei es die gute Absicht des Kritisierten! Doch Achtung: „Sie haben sich sehr bemüht" geht nach hinten los, da inzwischen (fast) jeder diesen Satz aus der Zeugnissprache als negative Anmerkung kennt. Kritisch wird der positive Einstieg auch, wenn überhaupt nur in Verbindung mit Kritik etwas Positives gesagt wird. Dann wissen wir: „Immer wenn etwas gewürdigt wird, kannst du dich schon auf das dicke Ende gefasst machen." Damit wird Anerkennung wertlos!

Schritt 3: „Um x zu erreichen ..." und

Schritt 4: „einen Vorschlag machen ..."

Häufig wird die eigentliche Kritik nach dem Muster formuliert: „Aber dies oder jenes haben Sie falsch gemacht!" Der Kritiker legt den Finger in die Wunde, und das tut weh. Außerdem bekommt die Kritik so einen belehrenden Unterton. Zielführender ist, den Blick möglichst weg von den Defiziten und hin zu den Lösungsmöglichkeiten zu lenken. Verdeutlichen Sie den Nutzen für den Empfänger: „Um x zu erreichen ..." Was falsch gelaufen ist, nicht funktioniert hat, ist dem anderen häufig schon bewusst. Anschließend „einen Vorschlag" zu machen, nimmt dem Ganzen zudem den Charakter einer Anweisung. So wird aus Ihrer Kritik tatsächlich eine konstruktive Unterstützung. Alternativ zum Aufzeigen eines Nutzens für den Empfänger können Sie auch negative Konsequenzen verdeutlichen, sollte er sein Verhalten beibehalten, und dann einen Vorschlag machen: „Wenn Sie x tun, riskieren Sie y. Eine Möglichkeit, das zu vermeiden, ist ..."

Schritt 5: „Was meinen Sie?"

Wir empfehlen, abschließend Ihr Gegenüber um seine Meinung zu bitten: „Was halten Sie davon?" Damit machen Sie ein Gesprächsangebot, das den anderen ernst nimmt und ihm auf Augenhöhe begegnet. Im Überblick sieht konstruktive Kritik – hier am Beispiel einer langweiligen PowerPoint-Präsentation – so aus:

(Schritt 1)

„Darf ich zu Ihrer Präsentation etwas anmerken?"

↓

(Schritt 2)

„Ich schätze Ihre Fachkompetenz zum Thema sehr."

↓

(Schritt 3)

„Um Ihre Zuhörer noch besser zu erreichen …"

alternativ:

„Um Unruhe im Saal und Unaufmerksamkeit zu vermeiden …"

↓

(Schritt 4)

„Wenn Sie kompakte Thesen einsetzen und sie anhand von Beispielen und Bildern erläutern, erreichen Sie damit eine noch höhere Überzeugungskraft."

↓

(Schritt 5)

„Was halten Sie davon?"

Konstruktive Kritik in fünf Schritten

Eigene Lösungsvorschläge

Statt selbst Vorschläge zu machen, können Sie den Empfänger auch nach eigenen Überlegungen fragen: „Was denken Sie, wie Sie Ihre Kernpunkte noch besser hätten rüberbringen können?“ oder „Was meinen Sie, durch welche Mittel die Zuhörer noch eher bei der Stange geblieben wären?“ Dies setzt voraus, dass Sie dem anderen solche Ideen zutrauen, dass er sich durch solche Fragen nicht in die Enge getrieben fühlt und dass er bereit ist, selbst eine Lösung zu entwickeln. Wenn es Ihnen auf diese Weise gelingt, eine eigene Lösungsfindung anzuregen, haben Sie die „höchste Form“ der Kritik umgesetzt und können stolz auf sich sein.

Übung: Konstruktive Kritik

Notieren Sie beim nächsten Anlass für Kritik, wie Sie diese konstruktiv formulieren wollen:

1. Erlaubnis einholen: „Darf ich ...?"

____

____

2. Positiver Einstieg: „Ich schätze ..."

____

____

3. Nutzen („Um x zu erreichen ...") oder Warnung („Um y zu vermeiden ...")

____

____

4. Vorschlag machen oder Anregung geben

____

____

5. Meinung des Gegenübers einholen („Was meinen Sie?")

____

____

Ein letzter Tipp: Vermeiden Sie es, Ihre Kritik mit einem „Aber“ zu beginnen. Ein Aber entwertet automatisch, was zuvor gesagt wird. Wenn Sie also sagen: „Die Vorbereitung war super, aber die Folien waren zu vollgepackt“, kommt die positive Einleitung kaum beim Empfänger an. Alternative für das gewohnheitsmäßige Aber: „Und“, „Um zu“, „Und wenn ...“ . „Die Vorbereitung war super. Und wenn die Folien noch mehr Bilder und weniger Text haben, bekommen Sie Ihre Zuhörer schnell auf Ihre Seite.“

Kein „Aber ...“

Für konstruktive Kritik gilt also dasselbe wie für fundierte Anerkennung: Lenken Sie Ihre Aufmerksamkeit auf den anderen und sein Potenzial. Treten Sie in einen Dialog ein. Überlegen Sie sich vorher, was Sie sagen wollen und wie Sie es sagen wollen, statt einfach herauszuplatzen oder momentanem Ärger nachzugeben. Dann sind alle Voraussetzungen dafür erfüllt, dass auch aus kritischen Worten ein wertvolles Feedback für den Empfänger wird.

Auf einen Blick

- Anders als Wertschätzung braucht Anerkennung einen konkreten Anlass. Anerkennung ist eine Reaktion auf kleinere oder größere Leistungen, Verdienste oder Eigenschaften des Gegenübers.
- Die zehn Spielarten der Anerkennung sind: öffentliche Auszeichnungen, Geld/materielle Vorteile, spannende neue Aufgaben, Dank, Bewunderung, Komplimente, Lob, verbale Anerkennung im engeren Sinne und – als Kehrseite von Lob und verbaler Anerkennung – Tadel und Kritik.
- Öffentliche Auszeichnungen können Verlegenheit oder den Neid anderer provozieren; materielle Vorteile nutzen sich ab. Persönliche Anerkennung dagegen freut uns immer wieder.

- Gelobt (und auch kritisiert) werden möchten wir nur von jemandem, den wir respektieren und in der betreffenden Frage für kompetent halten.
- Wer seine Leistungen und Erfolge selbst nicht würdigen kann (= Anerkennung von innen), läuft Gefahr, sich in starke Abhängigkeit der Anerkennung von außen zu begeben.
- Wie viel Anerkennung von außen jemand braucht, ist individuell verschieden. Je selbstbewusster jemand ist, desto unabhängiger ist er von äußerer Anerkennung (vgl. Reiss-Profil: Motiv „Anerkennung" niedrig vs. hoch).
- Anerkennung auf Augenhöhe ist eine durchdachte Würdigung in drei Schritten: 1. Benennen einer Stärke, 2. Beleg dafür, 3. Interessierte Nachfrage.
- Konstruktive Kritik ist lösungsorientiert, sie zielt auf die Sache, nicht auf die Person. Hier bewähren sich fünf Schritte:
  1. Erlaubnis einholen, 2. Positiven Anteil würdigen,
  3. Aufmerksamkeit auf Nutzen oder Risiko lenken,
  4. Vorschlag machen, 5. Meinung des Gegenübers einholen.

Im Unternehmen: So schaffen Sie eine Wertschätzungskultur

4

Im Zentrum: Wertschätzende Führung

Vielleicht kennen Sie das: Sie betreten ein Unternehmen (einen Laden, ein Hotel, eine Praxis, eine Kanzlei, einen Handwerksbetrieb) und fühlen sich dort binnen weniger Sekunden willkommen. Die Mitarbeiter gehen freundlich auf Sie zu, und auch miteinander gehen sie freundlich um. Wer hier arbeitet, ist engagiert bei der Sache. Es herrscht einfach eine gute Atmosphäre. Für das zwischenmenschliche Klima haben wir feine Antennen, ohne im Einzelfall genau sagen zu können, warum wir ein gutes oder eher schlechtes Gefühl haben. Aufgesetzte Freundlichkeit und Gleichgültigkeit oder Stress hinter einer beflissenen Maske enttarnen wir schnell.

Die Unternehmenskultur

In jedem Unternehmen herrscht eine bestimmte Atmosphäre. Dieses Klima ist Folge der übergeordneten Unternehmenskultur. Darunter verstehen Experten die „Grundgesamtheit gemeinsamer Werte, Normen und Einstellungen, welche die Entscheidungen, die Handlungen und das Verhalten der Organisationsmitglieder prägen“[36]. Der Organisationspsychologe und Management-Professor Edgar Schein ist Wegbereiter der Forschung zur Unternehmenskultur. Er unterschied schon in den Achtzigerjahren drei Kultur-Ebenen:

Die drei Ebenen der Unternehmenskultur

1. die sichtbare Ebene der Verhaltensweisen, Strukturen, Prozesse und Artefakte (zum Beispiel Gebäude, Einrichtung usw.);
2. die weniger sichtbare Ebene gemeinsamer Werte und Einstellungen (zum Beispiel Leistung, Innovation, Fairness);
3. die unsichtbare Ebene unbewusster Grundannahmen und Gedanken, die so selbstverständlich sind, dass sie nicht thematisiert werden (zum Beispiel dass Gehälter verlässlich bezahlt und Gesetze eingehalten werden).[37]

Merkmale einer Wertschätzungskultur

Wer Fotos eines Internet-Start-ups oder einer bunt gestylten Google-Niederlassung irgendwo auf der Welt mit der Zentrale eines deutschen Traditionskonzerns vergleicht, ahnt auf den ersten Blick, dass hier unterschiedliche Kulturen gelebt werden. Doch ob bunt oder weniger bunt, eher ungeordnet oder streng hierarchisch: In jeder Form von Unternehmen kann eine Wertschätzungskultur etabliert sein – oder eben nicht. In einer Wertschätzungskultur stimmen die „Hygienefaktoren“ (vgl. Kapitel 1: „Anerkennung und Wertschätzung als Treibstoff für Erfolg“): Arbeitsumgebung und Arbeitsbedingungen sind gut. Das bedeutet zum Beispiel ein gepflegtes Gebäude, das Einhalten von Sicherheitsbestimmungen, eine faire Bezahlung, gutes Arbeitsmaterial. Es werden Werte gelebt, die zu den Grundkomponenten der Wertschätzung – Aufmerksamkeit, Respekt, Höflichkeit, Toleranz, Empathie – passen (vgl. Kap. 2 „Wertschätzung: Dem anderen positiv begegnen“). Und auch die unbewussten Grundannahmen, etwa zum Menschenbild oder zu dem, was fair und gerecht ist, sind von Wertschätzung geprägt. Lohndumping, Führen durch Angst und Druck, gefährliche Arbeitsbedingungen, Bespitzeln von Mitarbeitern oder miese Zahlungsmoral sind mit einer Wertschätzungskultur nicht vereinbar.

Eine Wertschätzungskultur ist geprägt von guten Arbeitsbedingungen, gelebten Werten und impliziten Grundannahmen von Wertschätzung für Mitarbeiter, Kunden und Lieferanten gleichermaßen.

Professor Scheins „Drei-Ebenen-Modell" macht deutlich, dass man eine Unternehmenskultur nicht einfach verordnen oder von heute auf morgen „installieren" kann. Eine Kultur wächst über Jahre und Jahrzehnte. Sie ist ein komplexes Gebilde, zu dem alle Unternehmensangehörigen beitragen und das tagtäglich gelebt wird. Vorherrschende Kulturen sind mächtig und zählebig. Wer den Job wechselt, erlebt in den ersten Wochen oft einen kleinen „Kulturschock", selbst wenn er in der gleichen Branche zu einem Unternehmen ähnlicher Größe gewechselt ist. Möglicherweise ist der Umgangston im neuen Unternehmen etwas direkter als im alten, die Entscheidungen fallen rascher und es wird mehr Eigenverantwortung erwartet. Oder es ist gerade umgekehrt: Man formuliert sehr vorsichtig, der Dienstweg ist länger und Vorgehensweisen sind kleinteilig abzustimmen. Nach und nach lernt der oder die „Neue" die neuen Spielregeln und Verhaltensweisen und fädelt sich so in die neue Kultur ein.

Schlüsselfaktor Führung

Auch wenn alle Mitarbeiter zu einer Unternehmenskultur beitragen, sind es die Führungskräfte, die sie besonders stark beeinflussen. „Der Fisch stinkt vom Kopf her", weiß der Volksmund. Was der Chef, was das Management vorlebt und praktiziert, prägt ein Unternehmen. Eine autoritäre, unfreundliche oder unfaire Führungskraft kann das Klima in ihrem Verantwortungsbereich binnen weniger Monate vergiften und die Motivation in den Keller rauschen lassen, eine wertschätzende Führung dagegen kann Menschen beflügeln. Die Qualität der Führung bestimmt die Qualität der Beziehungen in einem Unternehmen. Daher sind in einer Wertschätzungskultur die Führungskräfte ganz besonders gefordert.

Denkanstoß

Wie wertschätzend ist der Führungsstil in Ihrem Unternehmen – auf einer Skala von 1 (gar nicht wertschätzend) bis 10 (sehr wertschätzend)?

- Welche Verhaltensweisen empfinden Sie als geringschätzend?
- Welche Verhaltensweisen empfinden Sie als wertschätzend?
- Was müsste sich ändern, um den Grad der Wertschätzung zu erhöhen?
- Was haben Sie selbst unternommen, um für mehr Wertschätzung zu sorgen?
- Was könnten Sie selbst noch unternehmen, um mehr Wertschätzung zu etablieren?

Die Führungskräfte

Warum spielen die Führungskräfte vom Teamleiter bis zum Inhaber oder Topmanager eine so zentrale Rolle für die Kultur eines Unternehmens? Für uns hat das drei Hauptgründe:

1. Wertschätzende Rituale verpuffen, wenn sie von den Führungskräften nicht gelebt werden.
2. Vorbilder prägen – Taten bewirken mehr als Worte.
3. Wie geführt wird, bestimmt Alltag und Erleben der Mitarbeiter.

Wertschätzende Rituale müssen gelebt werden

Die Bedeutung der weichen Faktoren für den Unternehmenserfolg hat sich in den letzten Jahren herumgesprochen, spätestens seitdem das Gallup-Institut alljährlich mit großem Medienecho seinen „Engagement-Index“ veröffentlicht. Diese Umfrage bestätigt Jahr für Jahr, dass nur etwa ein Sechstel aller Mitarbeiter emotional ans Unternehmen gebunden und daher hoch motiviert ist (vgl. Kap. 1 „Wie weiche Faktoren harte Fakten schaffen"). In vielen Unternehmen werden aus alter Tradition oder aufgrund neuer Sensibilität Rituale gepflegt, die Mitarbeitern Wertschätzung zeigen sollen (Jubiläen, Glückwünsche, Mitarbeiterveranstaltungen usw.). Doch damit solche Ansätze auf fruchtbaren Boden fallen, müssen sie von den Führungskräften mitgetragen und gelebt werden.

Die neue Sachbearbeiterin der Pflegekasse ist seit einem Monat im Haus, als sie Geburtstag feiert. Ihre neue Chefin hat sich als aufbrausend entpuppt und wird eher gefürchtet als gemocht. Doch am Geburtstag erscheint die Vorgesetzte mit einem großen Blumenstrauß und gratuliert. Die neue Mitarbeiterin ist positiv überrascht: „Oh, vielen Dank. Damit hatte ich nicht gerechnet!" Darauf die Chefin in gleichgültigem Ton: „Keine Ursache. Den kriegt hier jeder." Die freundliche Geste wird auf diese Weise ausgehebelt. Für die Vorgesetzte ist sie offenbar eine Pflichtübung, nicht ein Ritual, das von Herzen kommt.

Vorbilder prägen

Welchen Umgangston pflegt ein Chef? Wie redet er über abwesende Kollegen oder Kunden? Wie berechenbar und zuverlässig ist er? Nimmt er im Mitarbeiter den Menschen wahr, geht er auf persönliche Belange ein? Führungskräfte agieren öffentlich, auf einer Unternehmensbühne. Sie werden beobachtet und ihr Verhalten bemisst den Spielraum des im Unternehmen Erwünschten und Erlaubten. Mitarbeiter orientieren sich an dem, was der Vorgesetzte vorlebt: Sie arrangieren sich damit, sie übernehmen Verhaltensweisen, sie gehen vielleicht auch in die innere Emigration und schotten sich ab oder verlassen das Unternehmen. Sie bleiben ihm treu, wenn der Chef fair ist. Wenn die Führungsriege eines Unternehmens wenig wertschätzend agiert, ist eine Wertschätzungskultur kaum möglich.

Auf dem Papier steht das hauseigene Bildungsinstitut, eine Konzerntochter mit knapp 50 Mitarbeitern, glänzend da: ein beeindruckendes Leitbild, regelmäßige Mitarbeitergespräche, großzügige Fortbildungsmöglichkeiten, Pläne zu einer Betriebskita. Dennoch ist die Stimmung gedrückt: Der Leiter der Bildungseinrichtung ist sehr distanziert, im per-

sönlichen Umgang kühl und direkt. Sein Motto: „Jeder ist ersetzbar!" Die drei Abteilungsleiter sind es gewöhnt, das zu hören und gegeneinander ausgespielt zu werden: „Wenn Sie das bis Jahresende nicht hinbekommen, übertrage ich den Bereich eben Herrn W." Folge: Statt Kooperation herrscht Konkurrenz, statt Austausch herrscht Schweigen. Mitarbeiter werden von den Abteilungsleitern gewarnt, „nicht zu offen" zu Kollegen und Kolleginnen in Nachbarabteilungen zu sein.

!

Ohne das überzeugende Zutun der Führungskräfte ist eine Wertschätzungskultur nicht möglich.

Führung bestimmt das Erleben der Mitarbeiter

Unsere Beobachtung und eigene Erfahrung: Mitarbeiter verlassen Chefs, nicht Unternehmen. Das bestätigt auch das renommierte Gallup-Institut.[38] Nach neueren Umfrageergebnissen hat jeder sechste Mitarbeiter im laufenden Jahr schon einmal darüber nachgedacht, wegen seines Vorgesetzten zu kündigen, jeder vierte Beschäftigte hat das im Laufe seines Berufslebens tatsächlich einmal in die Tat umgesetzt.[39] Wir gehören selbst zu diesen 25 Prozent und haben Chefs verlassen, weil wir uns nicht gut geführt gefühlt haben. Da die Erfahrung belegt, dass die Besten immer zuerst gehen, sollten Vorgesetzte solche Befunde sehr ernst nehmen. Überraschend ist der große Einfluss des Führungsverhaltens nicht: Chefs können Gehaltserhöhungen, Urlaub, Fortbildung bewilligen oder verweigern, anspruchsvolle oder weniger anspruchsvolle Aufgaben zuteilen, das Arbeitsvolumen erhöhen oder senken. Noch wichtiger als formale Arbeitsbedingungen ist die zwischenmenschliche Komponente: Für die meisten Menschen ist der Vorgesetzte ein zentraler Ansprechpartner, dessen Wertschätzung und Anerkennung sie sich wünschen. Was der Pförtner oder die Buchhalterin von einem denkt, mag dem ein oder anderen gleichgültig sein. Was der Chef von einem denkt, ist den meisten Menschen wichtig.

Upstalsboom ist ein norddeutsches Unternehmen, das zehn Hotels und über 600 Ferienwohnungen betreibt. Ein inzwischen vielfach preisgekröntes Video gibt Auskunft über den Kulturwandel, den man dort in den letzten Jahren vollzogen hat. Geschäftsführer Bodo Janssen erzählt freimütig, früher habe er nach dem Motto „Wertschöpfung durch Ausnutzung“ nach Gewinnmaximierung gestrebt. Auslöser des Umdenkens war eine Mitarbeiterbefragung, nach der die durchschnittliche Zufriedenheit in Schulnoten bei „4 bis 5“ lag. Danach habe man „alles“ verändert. Vor allem sein Führungsverständnis habe sich radikal gewandelt, gibt Janssen zu. Upstalsboom hat sich auf den „Weg zu mehr Menschlichkeit“ gemacht, einen Wandel „von Ressourcenausnutzung hin zur Potenzialentfaltung“ vollzogen. Anders ausgedrückt: Im Unternehmen wurde ein Umfeld geschaffen, in dem Mitarbeiter ihre Stärken und Interessen einbringen konnten. Gerade der Abschied von der Zahlenfixierung führte dazu, dass sich auch die Zahlen stark verbesserten: Die Krankheitsrate sei fast sofort „rapide gesunken“, der Umsatz des Unternehmens habe sich in den letzten drei Jahren verdoppelt.[40]

Menschlichkeit und Wirtschaftlichkeit schließen sich also nicht aus, im Gegenteil: Nachhaltige Wertschöpfung wird durch Wertschätzung erst möglich. Dabei spielt auch eine Rolle, dass Arbeit für sehr viele Menschen in den wohlhabenden Industrienationen heute mehr ist als ein bloßer Broterwerb, dem man halt nachgehen muss. Arbeit gibt dem Leben Sinn und Halt, schafft idealerweise Möglichkeiten der Selbstverwirklichung. Sinnstiftung durch Arbeit kann nur in einem wertschätzenden Klima funktionieren, in dem Kollegen und vor allem Vorgesetzte kooperativ und wohlwollend zusammenarbeiten. Damit steuern wir bereits auf den nächsten, ganz entscheidenden Punkt zu: Was ist das überhaupt: „wertschätzende Führung“?

„Wertschöpfung“ und „Wertschätzung“ sind keine Gegensätze, ganz im Gegenteil: In einer Zeit, in der viele Menschen in ihrer Arbeit Sinn und Bestätigung suchen, wird nachhaltige Wertschöpfung erst durch Wertschätzung möglich.

Die Gebote wertschätzender Führung

Jeder Chef führt auf seine Weise

Jeder Chef führt auf seine Weise. Führungsseminare, Führungsbücher oder Coachings können den Blick weiten und zu neuen Handlungsmöglichkeiten anregen. Doch die Persönlichkeit des Führenden wird immer durchscheinen. Eine Führungskraft mit hohem Macht- und Status-Motiv wird dominanter auftreten als ein Führungskollege, zu dessen Kernwerten „Beziehungen" und „Ruhe" gehören. Wer durch „Ordnung" und „Ehre" (Prinzipientreue, moralische Integrität) als Lebensmotive angetrieben wird, stellt andere Ansprüche an seine Mitarbeiter als jemand, bei dem beide Motive eher schwach ausgeprägt sind (zum Reiss-Profil der Lebensmotive vgl. Kap. 3 „Wie viel Anerkennung brauchen Sie?"). Daraus folgt: „Wertschätzende" Führung ist kein uniformes Führungsverhalten, sondern umfasst eine Bandbreite von Führungsstilen. Ein Chef kann „streng, aber gerecht" sein – und dabei wertschätzend. Eine Chefin kann die fürsorgliche „Mutter der Kompanie" sein – und dabei wertschätzend. Ein junger Vorgesetzter kann sich als kreativen Impulsgeber verstehen – und wertschätzend handeln. Wertschätzende Führung wird definiert durch grundsätzliche Leitplanken, innerhalb derer sich das individuelle Führungsverhalten bewegt. Dabei handelt es sich um Menschlichkeit, Vertrauen, Zutrauen, Förderung, Gehört-Werden, Ehrlichkeit und Ganzheitlichkeit. Diese Leitplanken werden im Folgenden kurz vorgestellt.

Menschlichkeit

Führung ist Menschenführung. Das mag selbstverständlich klingen. Doch wenn man es ernst nimmt, hat das gravierende Folgen für das Führungsverständnis: Führen ist dann eben nicht in erster Linie „Prozesse organisieren" oder „finanzielle Ziele erreichen". Führen bedeutet dann vor allem, „Menschen befähigen, ihr Potenzial zu entfalten". Führen sehen wir als Dienstleistung für Mitarbeiter. Das setzt voraus, dass eine Führungskraft sich für die Mitarbeitenden interessiert, in ihnen nicht nur den Funktionsträger, sondern auch den Menschen sieht. Praktisch beginnt Menschlichkeit bei kleinen Gesten (wie Grüßen, Namen kennen) und endet bei der Art und Weise, wie in Konfliktsituationen miteinander umgegangen wird. Eine Kündigung beispielsweise bleibt natürlich eine Kündigung, auch wenn sie „wertschätzend" erfolgt. Doch ist es ein Unterschied, ob ein Vorgesetzter den Mitarbeiter lapidar vor vollendete Tatsachen stellt oder ob er sich Zeit nimmt für ein Gespräch, den Schritt begründet, soziale Härten abfedert, zum Beispiel etwas mehr Zeit bis zum Ausscheiden gibt, und den Mitarbeiter bei der Suche nach einer neuen Stelle unterstützt, etwa durch Empfehlungen oder externe Bewerbungsunterstützung (Outplacementberatung).

Vertrauen

Manche Fachleute, etwa der Wirtschaftsethiker Professor Thomas Schwartz, setzen eine Wertschätzungskultur mit einer Vertrauenskultur gleich.[41] Vertrauen bedeutet im Kern, anderen Menschen bis zum Beweis des Gegenteils positive Absichten und positive Verhaltensweisen zu unterstellen. Jemandem zu vertrauen ist in der Tat ein Ausdruck großer Wertschätzung. Wenn wir selbst uns für einen Dienstleister, Mitarbeiter oder freiberuflichen Kollegen entschieden haben, dann gilt das Prinzip des hundertprozentigen Vertrauens in dessen positive Absichten.

Die „NordseePflege" ist ein Pflegedienstleister in Bremerhaven mit inzwischen über 170 Mitarbeitern, den die Krankenschwester Gülsen Sariergin im Jahr 2000 mit nur 20 Jahren gründete. Motto des Unternehmens: „Mit Herz und Hand". Die Wertschätzung und Herzlichkeit, die erklärtes Ziel in der ambulanten Betreuung älterer Menschen sind, schreibt sich die Inhaberin auch im Umgang mit den Mitarbeitern auf die Fahnen. Dazu gehört ein ungewöhnlicher Vertrauensbeweis: Jeder neue Mitarbeiter erhält bereits am ersten Arbeitstag die Schlüssel zum Firmengebäude.

Echtes Vertrauen wird auf Vorschuss gewährt.

Echtes Vertrauen lebt von solchen Vertrauensvorschüssen und es wächst mit bestandenen Belastungsproben. Voraussetzung ist ein positives Menschenbild (vgl. Kap. 2 „Mögen Sie Menschen?"). Führungskräfte, die auf das Vertrauenskonto einzahlen, werden erleben, wie Menschen aufblühen – frei nach der Empfehlung Johann Wolfgang Goethes: „Behandle die Menschen so, als wären sie, was sie sein sollten, und du hilfst ihnen zu werden, was sie sein können." Und was ist mit den schwarzen Schafen?, mögen Sie denken. Zweifellos: Es gibt Menschen, die Vertrauen missbrauchen. Die Frage ist, wie hoch Sie deren Anteil einschätzen: Zwei Prozent? Weniger? Mehr? Und die eigentliche Frage ist, ob es sich lohnt, 100 Prozent der Mitarbeiter mit Misstrauen zu begegnen, weil zwei Prozent sich vielleicht nicht an Regeln halten?

Denkanstoß

Stellen Sie sich vor, Ihr Arbeitgeber setzt auf ein System engmaschiger Kontrolle: Taschenkontrolle bei Verlassen des Firmengebäudes, Überwachungskameras usw. Ergänzt wird dies durch eine ausführliche Liste von Verboten und Ermahnungen: nicht privat telefonieren, am Arbeitsplatz nicht essen, keine Zeit im Internet vertrödeln usw., usw. Wie stark identifizieren Sie sich mit diesem Arbeitgeber?

- Wie sehr sind Sie bereit, sich besonders einzusetzen (zum Beispiel kurzfristig für einen kranken Kollegen einzuspringen)?
- Wie reagieren Sie, wenn Sie zufällig Zeuge werden, wie jemand ein Graffito neben den Haupteingang sprüht? Denken Sie „Geschieht denen recht!" oder rufen Sie: „Halt! Aufhören!"?

Die Drogerie-Kette Schlecker, einst einer der Marktführer mit über 10000 Filialen allein in Deutschland, musste Anfang 2012 Insolvenz anmelden. Zuvor machte das Unternehmen jahrelang Negativschlagzeilen, unter anderem durch die Bespitzelung von Mitarbeitern mit versteckten Kameras hinter Warenpaketen oder Stellwänden. „Der Spion, der aus der Lochwand kam", titelte beispielsweise der Tagesspiegel im August 2008. Den wirtschaftlichen Niedergang verhinderten solche Maß-

nahmen nicht. Wir wagen die Hypothese, dass allein der Imageschaden bei kritischen Kunden schwerer wog als möglicherweise verhinderte Diebstähle.

Freiräume (Zutrauen)

Wertschätzende Führung bedeutet auch, die Stärken und Potenziale der Mitarbeiter wahrzunehmen und ihnen Entfaltungsmöglichkeiten zu bieten – auf eine kurze Formel gebracht: „Mitarbeiter machen lassen." Verantwortung zu übertragen, Entscheidungsspielräume zu gewähren, Kreativität und Initiative herauszufordern, solche Führungsmaximen sind alles andere als neu. Die Aufgaben werden in vielen Bereichen stetig komplexer, immer häufiger ist anspruchsvolle Wissensarbeit gefragt. Führungskräfte sind geradezu gezwungen, Mitarbeitern eigenverantwortliches Handeln zuzutrauen. Dass das Maß der Eigenverantwortung sich an Kenntnisstand und Engagement der Mitarbeiter orientiert, versteht sich von selbst. Modelle wie das bekannte Konzept des „situativen Führens" heben seit vielen Jahren darauf ab.[42] Damit wir uns nicht falsch verstehen: Entfaltungsmöglichkeiten zu gewähren heißt nicht: „Jeder macht, was er will, keiner macht, was er soll, und jeder macht mit." Natürlich brauchen wir Standards und Leitplanken, die ein Managementsystem auszeichnen. Vor allem braucht es eine professionelle Delegation. Dazu gehören ein ordentliches Delegationsgespräch, klare Zielsetzungen und Zuweisung von Ressourcen, definierte Handlungsräume und Kompetenzen. Damit steht dieses Anliegen absolut im Einklang mit dem von der Qnigge GmbH geforderten systematischen Qualitätsmanagement. Gut gemacht, bringt es kontinuierliche Verbesserungen und Innovationen hervor. Und die entstehen, wenn sich Menschen gut geführt fühlen und sich zielgerichtet auf den Weg machen (dürfen).

Förderung und Entwicklungsmöglichkeiten

Ende 2011 veröffentlichte das Magazin *Harvard Business Manager* einen Artikel unter der Überschrift „Wertschätzung für Ältere". Sonja A. Sackmann, die den Lehrstuhl für Arbeits- und Organisationspsychologie an der Universität der Bundeswehr bekleidet, zitiert darin eine Erhebung des Bundesverbands für betriebliche

Weiterbildung *Wuppertaler Kreis*. Fazit: In firmeninternen wie offenen Seminaren sind Teilnehmer über fünfzig die Ausnahme. In Lehrgängen beispielsweise ist ein Drittel der Teilnehmer unter dreißig, ein weiteres Drittel dreißig bis vierzig, 23 Prozent sind vierzig bis fünfzig und nur zehn Prozent sind älter als fünfzig Jahre. Sackmann betrachtet dies zu Recht als Missachtung des Wertes älterer Arbeitnehmer.[43] Zur wertschätzenden Führung gehört auch, das Potenzial eines Mitarbeiters zu würdigen und ihn darin zu unterstützen, sich persönlich weiterzuentwickeln. Das kann durch Fortbildungen passieren und auch durch herausfordernde Aufgaben, sozusagen „on the job". Wenn sich nichts mehr bewegt, entsteht der Eindruck, aufs Abstellgleis geschoben worden zu sein, gleichgültig, ob man Ende zwanzig oder Mitte fünfzig ist.

Gehört werden

Zählt die Meinung der Mitarbeiter etwas im Unternehmen? Können Sie etwas bewegen und gestalten? „Gehört werden und gefragt sein" ist mehr als eine regelmäßige Mitarbeiterbefragung (Zufriedenheitsanalyse) oder das 360-Grad-Feedback für Führungskräfte, auch wenn dies zweifellos wichtige Instrumente sind. Gehört werden bedeutet die Einbindung der Kompetenz und Erfahrung von Mitarbeitern in Entscheidungsprozesse. Entscheiden und Verantwortung dafür übernehmen bleibt Sache des Vorgesetzten. Doch wertschätzende Führungskräfte holen Meinungen der Mitarbeiter ein, die oft tieferen Einblick ins Tagesgeschäft haben. Solche Chefs stellen Fragen ergebnisoffen zur Diskussion und scheuen sich nicht, „alte Hasen" um Rat zu fragen.

Transparenz und Ehrlichkeit

Wertschätzende Führung kann keine heile Welt schaffen. Ein harter Wettbewerb, ein globaler Markt, veränderte Kundengewohnheiten, all das verlangt von Unternehmen permanente Anpassungsprozesse. Umstrukturierungen, Standortverlagerungen, Fusionen sind in vielen Branchen an der Tagesordnung. Wie wird in solchen Prozessen mit Mitarbeitern umgegangen? Werden sie als anonymer Rendite-Faktor betrachtet oder als tragende Kraft im Unternehmen, der man Fairness und Ehrlichkeit schuldet? Manche Führungskraft wird einwenden, dass man gerade in Übernahmesituationen die Gerüchteküche nicht anheizen wolle und dass Manager von der Unternehmensführung häufig zum Stillschweigen verpflichtet werden. Doch es ist ein Unterschied, ob eine Führungskraft sich abschottet und abwiegelt oder ob sie Ängste ernst nimmt, falsche Versprechungen vermeidet und auch zugibt, dass sie zu bestimmten Fragen noch nichts sagen kann. Ehrlichkeit bedeutet in diesem Zusammenhang nicht, dass alles, was man weiß, auch gesagt wird, da es oft aufgrund laufender Verhandlungen nicht möglich ist, vorzeitig zu kommunizieren. Dennoch bedeutet Ehrlichkeit, dass das, was gesagt wird, zutrifft und die Menschen in ihrer Sorge rechtzeitig abholt.

Die Mitarbeiter eines mittelständischen Betriebs für Magnetik-Technik für Leuchtstoffröhren im österreichischen Fürstenfeld sind geschockt. Dass es der Firma nicht gut geht, war ihnen bewusst. Doch dass das Werk tatsächlich geschlossen wird und alle 102 Arbeiter und Angestellten ihren Arbeitsplatz verlieren, erfahren sie im Frühsommer 2013 aus dem Radio.

Ganzheitlichkeit

Wer Mitarbeiter nicht als „Humankapital“ betrachtet (so das „Unwort des Jahres 2004“), sondern sie als Menschen wertschätzt, sieht sich als Führungskraft auch in der Verantwortung, wenn es um Gesundheit und Lebensbalance geht. Ein starkes Signal der Geschäftsführung für wertschätzende Führung ist Familienfreundlichkeit, etwa durch flexible Arbeitszeitmodelle, Hilfen für pflegende Angehörige oder Einrichtung einer Betriebskita. Auch Angebote zur Gesundheitsförderung (Sportkurse, Kooperationen mit Fitnessstudios, besonders gesundes Kantinenessen) fallen in diesen Bereich. In kleineren Unternehmen mögen Strukturen dieser Art schwer finanzierbar sein. Doch auch hier ist gelebte Fürsorge für Mitarbeiter möglich. Dazu gehört beispielsweise, deren Ruhe- und Urlaubszeiten zu respektieren und deren ständige elektronische Verfügbarkeit nicht auszunutzen. Ein ganzheitlich führender Chef wird außerdem ein Gespür dafür entwickeln, wenn sich jemand überfordert fühlt oder in anderer Weise Unterstützung benötigt, und entsprechend reagieren. Ein Gegenbeispiel:

Die Teamleiterin in der PR-Agentur schreibt nach wie vor hohe Umsätze, doch sie ist gesundheitlich angeschlagen. Es ist ein offenes Geheimnis, dass sie dem aktuellen Arbeitspensum nur durch Tabletten und aufputschende Mittel gewachsen ist und morgens öfter mit glasigen Augen ins Unternehmen kommt. Weil die Zahlen stimmen, ignoriert ihr Vorgesetzter alle Warnsignale, bis seine Mitarbeiterin eines Tages im Büro zusammenbricht. Durch den Aufenthalt in einer Entzugsklinik fällt sie für längere Zeit aus. Als sie nach drei Monaten wieder am Arbeitsplatz erscheint, findet sie einen Aufhebungsvertrag vor.

Vorgesetzte unterschätzen häufig, welche Signalwirkung solche Vorgänge für die Gesamtbelegschaft haben. Derartige Ereignisse sprechen sich unweigerlich herum, weil die Betroffenen einigen Vertrauten im Unternehmen davon berichten. Und schon ist die Botschaft gestreut: „Als Mensch zählst du hier gar nichts!"

!

Wertschätzende Führung ist kein Thema für Sonntagsreden. Ob Wertschätzung tatsächlich gelebt wird, entscheidet sich auch und gerade in Situationen, in denen Mitarbeiter Unterstützung brauchen.

Übung: Wie wertschätzend ist Ihr Führungsverhalten?

Welche der folgenden Aussagen treffen auf Sie zu? Je mehr Statements Sie angekreuzt haben, desto wertschätzender ist Ihr Führungsstil.

1. Ich kenne die familiäre Situation meiner engsten Mitarbeiter (zum Beispiel Zahl der Kinder, Wohnsituation, Ehepartner ...). ☐
2. Ich bringe meinen Mitarbeitern Vertrauen entgegen. (Beispiele: Ich kontrolliere eher Resultate als Vorgehensweisen. Ich bin überzeugt, dass mir Fehler und Probleme unaufgefordert mitgeteilt werden.) ☐
3. Ich bekomme es mit, wenn es einem meiner engsten Mitarbeiter nicht gut geht (zum Beispiel weil familiäre oder gesundheitliche Probleme bestehen). ☐
4. Ich kenne die Stärken meiner Mitarbeiter und berücksichtige diese bei der Delegation von Aufgaben. ☐
5. Ich entschuldige mich bei Mitarbeitern, wenn ich einen Fehler begangen habe (zum Beispiel wenn ich mich im Ton vergriffen habe). ☐
6. Ich respektiere das Privatleben meiner Mitarbeiter und sehe von Anrufen und E-Mails im Urlaub ab. ☐
7. Ich unterstütze meine Mitarbeiter, wenn sie wegen kranker Kinder oder Angehöriger kurzfristig ausfallen. ☐
8. Ich spreche Schwierigkeiten und Probleme offen an und wiege meine Mitarbeiter nicht in falscher Sicherheit (zum Beispiel wenn es dem Unternehmen schlecht geht). ☐

9. Ich ermutige meine Mitarbeiter und befürworte Weiterbildungsmaßnahmen, die sie persönlich voranbringen. ☐

10. Ich schätze Meinungen und Ideen meiner Mitarbeiter und höre ihnen aufmerksam zu. ☐

Weniger als sieben Kreuzchen sollten Sie stutzig machen.

Im Alltag: Kleine Gesten, die Großes bewirken

Wertschätzung wird im Unternehmen vor allem auf zwei Weisen konkret: dadurch, wie Menschen miteinander reden, und dadurch, wie sie sonst miteinander umgehen. Im Folgenden möchten wir Ihnen für beide Bereiche praktische Hinweise geben.

Echte Kommunikation ist keine Einbahnstraße

Fünf Komponenten wertschätzender Kommunikation

Die meisten von uns sind im Alltag ständig auf Sendung: per Mail und Telefon, in Meetings und Gesprächen, in sozialen Netzen und beim Austausch in der Kantine. Doch wie oft ist diese Kommunikation ein echter Austausch, in dem auch gehört und verarbeitet wird, was das Gegenüber einbringt? Und wie häufig hören wir nur mit halbem Ohr hin und warten darauf, endlich mit unserer eigenen Meinung, unseren eigenen Erlebnissen und eigenen Anliegen zu Wort zu kommen? Wertschätzende Kommunikation bedeutet, vom egozentrischen Senden von Informationen auf echten Austausch „umzuschalten". Dabei bewähren sich die fünf Komponenten der Wertschätzung, die wir im zweiten Kapitel vorgestellt haben:

1. Aufmerksamkeit,
2. Respekt,
3. Höflichkeit,
4. Toleranz,
5. Empathie.

Aufmerksamkeit

Schenken Sie dem (den) anderen Ihre ungeteilte Aufmerksamkeit, wenn Sie im Gespräch sind. Blättern Sie nicht in Unterlagen, lassen Sie Ihre Gedanken nicht schweifen, checken Sie keine Mails, sondern konzentrieren Sie sich auf das Gegenüber. Alles andere signalisiert: „Du bist mir nicht wichtig genug, um mich dir voll zuzuwenden.“ Das ist pure Geringschätzung. Dies schließt die in vielen Unternehmen verbreitete Unsitte ein, in Meetings nebenbei mehr oder weniger offen anderes zu erledigen.

Respekt

Achten Sie Ihr Gegenüber, begegnen Sie ihm auf Augenhöhe. Ob Pförtner oder Vorstand, Aushilfe oder Fachkraft: Jeder Mensch hat Anspruch darauf, in seiner Würde respektiert zu werden. Typische Verstöße gegen dieses Gebot sind Ignorieren und Übersehen, Duzen, barsche Anreden („Meier“ statt „Herr Meier“), syntaktisch falsches Deutsch gegenüber Nicht-Muttersprachlern („Du hier anfangen“), Befehlston, Abkanzeln („Das Denken überlassen Sie besser anderen“), Maßregeln („Was habe ich Ihnen gesagt?! Sie sollen gefälligst ...“), Drohen („Wenn Sie nicht sofort ...) oder gar Anschreien.

Höflichkeit

Die Höflichkeit gebietet beispielsweise, den anderen ausreden zu lassen, Verabredungen und Termine einzuhalten, pünktlich zu Sitzungen zu erscheinen und sich im Gespräch respektvoll im Sinne des eben Gesagten zu verhalten. Sich an seine gute Kinderstube zu erinnern stärkt den wertschätzenden Umgang miteinander. Ein kleines Gedankenspiel bewährt sich als Gradmesser der eigenen Höflichkeit: Würden Sie das Verhalten, das Sie gegenüber Ihren Mitarbeitern oder Kollegen zeigen, auch gegenüber Ihrem Chef an den Tag legen? Wenn Sie das mit „Ja“ beantworten können, dann ist es vermutlich in Ordnung.

Der neue Vorgesetzte tritt seine Position als Presseleiter dynamisch-schwungvoll an. Er betont, wie wichtig ihm die gute Zusammenarbeit mit dem sechsköpfigen Team sei und dass er auf ein vertrauensvolles Miteinander setze. Trotzdem verspielt er rasch das Wohlwollen seiner Mitarbeiter. Im Zweiergespräch erledigt er parallel Wichtiges am Laptop und lässt sich jedes Telefonat durchstellen. Zu Meetings erscheint er ohne Begründung oder Entschuldigung regelmäßig mit 10 bis 15 Minuten Verspätung. Inhaltliche Beiträge seiner Leute quittiert er häufig mit „Das muss alles anders werden!", ohne nach den Gründen für das bisherige Vorgehen zu fragen. Binnen weniger Wochen ist die Stimmung im Keller, die ersten Mitarbeiter denken über einen Stellenwechsel nach.

! Lippenbekenntnisse bewirken wenig, entscheidend sind Taten. Wie wertschätzend ist das tatsächliche Verhalten eines Chefs oder Kollegen?

Toleranz Wertschätzung bedeutet auch, die Werte des anderen zu schätzen, haben wir weiter vorne geschrieben. Vermutlich hat jeder von uns Kollegen, Mitarbeiter oder Vorgesetzte, die ihn ärgern, aufregen, nerven. Der eine ist uns zu langsam, die andere zu penibel, der dritte zu umständlich, die vierte zu ängstlich usw. Für manche Verhaltensweisen haben sich im Unternehmensalltag feste Begriffe eingebürgert: „Bremser", „Bedenkenträger", „Umstandskrämer", „Erbsenzähler". Meldet sich diese Person zu Wort, kommt einem gleich das entsprechende Etikett in den Sinn. Die Versuchung ist groß, herablassend zu reagieren oder abzuwiegeln. Versuchen Sie, sich von solchen Stereotypen zu befreien. Jeder hat ein Recht auf eine eigene Meinung und eigene Werte. Wären alle gleich, bräche das Unternehmen vermutlich zusammen. Eine Organisation braucht gewissenhafte Naturen genauso wie Visionäre und Macher. Wissen über die Unterschiedlichkeit von Persönlichkeiten fördert die Toleranz. So kann zum Beispiel die Arbeit mit dem Reiss-Profil das Verständnis für individuelle Lebensmotive erhöhen (vgl. Kapitel 3).

Sich in den anderen hineinzuversetzen und die Dinge für einen Moment aus seiner Warte zu betrachten ist die beste Voraussetzung für einen wertschätzenden Austausch. Versuchen Sie zu verstehen, bevor Sie urteilen, und nehmen Sie eine Meinung auch dann ernst, wenn Sie sie nicht teilen. Nicht jeder Mitarbeiter vertritt sein Anliegen offen und direkt. Geben Sie sich Mühe, zwischen den Zeilen zu lesen, und haken Sie nach, wenn Sie das Gefühl haben, etwas Wesentliches bleibe ungesagt. Nicht ohne Grund gehört das „aktive Zuhören" zu den wichtigsten Methoden guter Kommunikation. Wer aktiv zuhört, greift das, was der andere sagt, mit einer eigenen Umschreibung auf und vergewissert sich so, dass er sein Gegenüber wirklich verstanden hat.

Empathie

Der Vorgesetzte teilt dem Mitarbeiter mit, dass ein Firmenprospekt zur nächsten Fachmesse in drei Monaten aktualisiert vorliegen soll. Der Mitarbeiter sagt: „Das wird aber ganz schön eng!" Darauf der Chef: „Sie haben Bedenken, dass der Termin nicht zu halten ist?" Mitarbeiter: „Ja." Chef: „Was genau macht Ihnen Sorgen?" Mitarbeiter: „Wir müssten neue Fotos beauftragen. Und unser Texter geht nächste Woche in Urlaub." Durch die Nachfrage des Chefs kann gemeinsam nach Lösungen gesucht werden. Außerdem erfährt der Mitarbeiter, dass seine Bedenken ernst genommen werden (= Wertschätzung). Wenig wertschätzend dagegen wäre ein rasches Abwiegeln, das im Unternehmensalltag nicht selten ist: „Das kriegen Sie schon hin!"

Wertschätzung durch kleine und größere Aktionen

Im Folgenden haben wir für Sie beispielhafte Möglichkeiten zusammengestellt, wie Sie Mitarbeitern und Kollegen Wertschätzung geben können. Nicht alles wird für Sie passen, nicht alles werden Sie mögen. Nehmen Sie die Liste als Anregung für eigene Ideen. Entscheidend ist dabei weniger der materielle Wert als die Geste: „Da hat jemand an mich gedacht, da wollte mir jemand etwas Gutes tun, da hat sich jemand Mühe gegeben."

Anregungen
für eigene Ideen

33 Signale der Wertschätzung

1. Der Geburtstagsanruf des Chefs, der am Jubeltag des Mitarbeiters gerade auf Dienstreise ist
2. Der Schwangerenparkplatz nah beim Haupteingang
3. Der persönliche Willkommensgruß für Krankheitsrückkehrer (zum Beispiel Blumenstrauß und Karte)
4. Die Visitenkarte auch für Azubis
5. Die Schultüte zur Begrüßung neuer Auszubildender (mit Süßigkeiten, Seminargutschein, Unterlagen zum Unternehmen)
6. Der Familientag für Mitarbeiter und ihre Angehörigen
7. Das „Eis für alle" an Hundstagen
8. Der hauseigene Sportkurs im Meeting-Raum
9. Der freundliche, frisch renovierte Raum für die Mittagspause
10. Die Mitsprache der Mitarbeiter bei der Gestaltung der Pausenräume (Soll das Budget für Kicker, Sitzgelegenheiten im Freien, teuren Kaffeevollautomaten oder x ausgegeben werden?)
11. Die wöchentliche Chefsprechstunde, in der jeder Mitarbeiter Fragen loswerden kann, die ihm wichtig sind
12. Der Jobtausch, bei dem Chefs für einen Tag die Aufgaben der Mitarbeiter (am Empfang, in der Kundenbetreuung, in der Auslieferung …) übernehmen, um Probleme vor Ort besser einschätzen zu können
13. Das Vorstellen einzelner Abteilungen oder Mitarbeiter in der Hauszeitschrift
14. Der Schokoladengruß zum Nikolaustag
15. Die Wahlfreiheit statt der Standardprämie: Geld oder lieber ein freier Tag?
16. Die mehrsprachige Mitarbeiterzeitung im Großunternehmen mit multikultureller Belegschaft
17. Die zusätzliche Urlaubswoche für 10-jährige Unternehmenszugehörigkeit

18. Die Azubi-Filiale: Für einen Monat übernehmen Auszubildende sämtliche Funktionen in einer Niederlassung, von der Kundenbetreuung bis zur Leitung
19. Der Großelterndienst für Eltern in Betreuungsnot: Ehemalige Mitarbeiter springen ehrenamtlich ein, das Unternehmen übernimmt die Koordination
20. Das individuelle Dienstfahrzeug: Auto, Bahncard oder lieber E-Bike?
21. Die Seminarbewirtung oder das Kantinenessen mit Rücksicht auf muslimische Kollegen
22. Der Jubiläumsband, in dem alle Mitarbeiter des Unternehmens von der Reinigungskraft bis zum Vorstand mit Foto und Namen vorgestellt werden
23. Der mobile Masseur, der verspannte Rücken lockert
24. Das Cheffrühstück oder Chefessen, zu dem einmal im Monat rotierend drei Mitarbeiter eingeladen sind
25. Die Mitsprache der Belegschaft beim Kantinenessen: Auch vegetarisch? Vegan? Kalorienarm? Deftig?
26. Das persönliche Geburtstagsgeschenk für enge Mitarbeiter, für das befreundete Kollegen um Tipps gebeten werden
27. Die Kurzvorstellung und Begrüßung neuer Mitarbeiter mit Foto und Willkommensgruß am Schwarzen Brett
28. Das Wellness-Wochenende im Vier-Sterne-Hotel als Dankeschön für das wochenlange Engagement in einem wichtigen Projekt
29. Das Seminar oder die Beratungsstelle zum Thema „Wenn die Eltern älter werden" für Mitarbeiter, die Angehörige pflegen
30. Das Interesse für die Hobbys der Mitarbeiter (Musiker machen Musik auf der Betriebsfeier, Hobby-Imker liefert Honig, der zu Weihnachten verschenkt wird)
31. Die systematische Einbeziehung des Teams bei Neueinstellungen (zum Beispiel durch einen Probe-

arbeitstag des/der Neuen und durch Kollegen-Feedbacks am Ende der Probezeit)

32. Der ganz besondere Betriebsausflug in erfolgreichen Jahren (gemeinsam nach London oder Paris, der Flug auf die Insel o. Ä.)
33. Der Deutschkurs für Nichtmuttersprachler, der Fremdsprachenkurs für deutschsprachige Mitarbeiter

Individuelle Formen finden

Viele dieser Ideen werden bereits erfolgreich umgesetzt. Dienstfahrräder für bis zu 10 000 Euro gibt es zum Beispiel bei SAP, ein „Chefessen" im Designhotel „Der Blaue Reiter", den Sportkurs im Meeting-Raum in einem mittelständischen Verlag, das Jubiläumsbuch mit Fotos aller Mitarbeiter brachte das VW-Werk Kassel heraus, ein dicker Band mit vielen Tausend Fotos. Generell gilt: Wirksam sind Gesten, die von Herzen kommen, nicht das starre Abarbeiten von Programmen. Was passt zu Ihnen? Was zu Ihren Mitarbeitern? Zusätzliche Ideen und Anregungen liefert Marc Klejbor in seinem Buch „Rituale der Wertschätzung" (2014).

Instrumente: Leitbild oder „Leid-Bild"?

Glaubt man der Außendarstellung vieler Unternehmen, ist der Ruf nach mehr Wertschätzung eigentlich überflüssig. Fast alle Organisationen verpflichten sich in einem Leitbild nicht nur auf Innovation und Kundenfreundlichkeit, sondern auch auf einen mitmenschlichen Umgang. Sätze wie „Wir gehen wertschätzend und respektvoll miteinander um und begegnen uns auf Augenhöhe" (Deutsche Postbank AG), „Wir begegnen einander offen, mit Vertrauen und Respekt" (REWE Group) oder „Wir unterstützen und motivieren uns gegenseitig" (Hessische Polizei) sind typisch. Damit ist alles in Ordnung, wenn wir annehmen, dass den Worten Taten folgen. Doch nicht immer sieht die Praxis so aus. Einer Umfrage der Initiative „Kraftwerk Anerkennung" zufolge antworten 23 Prozent aller Teilnehmer auf die Frage, welche Art der Wertschätzung ihnen im Unternehmen entgegengebracht wird: „Keine." Auf einer Wertschätzungsskala von 1 bis 10 attestiert mehr als die Hälfte der Befragten ihrem Unternehmen eine wenig wertschätzende Kultur; der Durchschnittwert liegt bei 4,6.[44]

Gelebte Praxis oder hohle Phrase?

Nach gängigem Verständnis beschreibt ein Unternehmensleitbild den Auftrag, die Ziele sowie die Handlungsprinzipien einer Organisation (kurz: Mission, Vision und Werte[45]). Im Unternehmen soll das Leitbild Orientierung geben, nach außen ein positives Image befördern. Kritisch wird es, wenn das Leitbild nur wenig mit der Unternehmenswirklichkeit zu tun hat. Dann macht sich Zynismus breit, etwa in Form von Spott, Verachtung und bösen Witzen: „Ja, der Mitarbeiter steht bei uns im Mittelpunkt ... und damit prinzipiell immer im Weg!" Hehre Absichtserklärungen allein führen noch nicht zu einem wertschätzenden Umgang. Entscheidend ist:

- Wie entsteht ein Leitbild: unter Beteiligung der Mitarbeiter als Niederschrift der gelebten Praxis oder als werblich orientiertes Papier der Geschäftsleitung?
- Wie präsent ist das Leitbild: Ist es in der Belegschaft überhaupt bekannt? Kennen alle die propagierten Leitsätze?
- Wie belastbar ist das Leitbild: Können sich Mitarbeiter bei Verstößen darauf berufen?

Denkanstoß

Gibt es in Ihrem Unternehmen eine offizielle Selbstverpflichtung zum wertschätzenden Umgang?

- Könnten Sie aus dem Stand sagen, welche Prinzipien und Werte die Zusammenarbeit prägen (sollen)?
- Sind diese Prinzipien und Werte schriftlich fixiert und allen bekannt?
- Bekennt sich das Topmanagement dazu?
- Zu wie viel Prozent werden offizielle Prinzipien und Werte Ihrer intuitiven Einschätzung nach tatsächlich gelebt: zu mehr als 50, zu mehr als 70 oder sogar zu mehr als 90 Prozent?
- Haben gravierende Verstöße Konsequenzen?

Zynismus entgegentreten

Besser gar kein Leitbild als ein „Leid-Bild“, das als Fassade empfunden wird und Zynismus provoziert. Zynismus ist das Ventil der Desillusionierten und letztlich Ausdruck von Hilflosigkeit: Wer meint, gegen eine ungute Praxis nichts ausrichten zu können, flüchtet in böse Sprüche und spottet über unfähige oder unfaire Bosse. Das stabilisiert die schlechte Atmosphäre, statt ihr entgegenzuwirken. Zyniker sind zugleich Teil des Problems, nicht Teil der Lösung. Dabei wäre es besser, ein kleines Licht anzuzünden, statt über die große Dunkelheit zu klagen, wie ein chinesisches Sprichwort empfiehlt: Wer im eigenen Umfeld Wertschätzung spendet, tut sich und anderen damit einen größeren Gefallen als mit dem folgenlosen Beklagen von Defiziten.

Auch in einem wenig wertschätzenden Umfeld hat es jede(r) selbst in der Hand, erste Schritte zu mehr Wertschätzung zu gehen.

Was können Sie tun, wenn Sie als Führungskraft unsicher sind, ob das Unternehmensleitbild tatsächlich im Alltag angekommen ist? Einige Vorschläge:

- Machen Sie das Leitbild zum Gegenstand einer Mitarbeiterbefragung.
- Diskutieren Sie die Befragungsergebnisse im Kreis der Führungskräfte und in den Abteilungen.
- Erarbeiten Sie gemeinsam mit den Mitarbeitern, was sich ändern müsste.
- Formulieren Sie klare Spielregeln statt wolkiger Allgemeinplätze.
- Halten Sie das Leitbild durch regelmäßige Aktionen im Bewusstsein.

Spielregeln statt Allgemeinplätze

Insbesondere die letzten beiden Punkte liegen uns am Herzen. Die herkömmliche Leitbildprosa ist häufig vage und abgedroschen. Wirksamer ist Klartext in Form eindeutiger Spielregeln. Beispiele:

- „Wir reden miteinander – nicht übereinander."
- „Wenn zwei ein Problem haben, klären sie das. Finden sie keine Lösung, wenden sie sich an den Vorgesetzten."
- „Wenn ein Konflikt im Team nicht lösbar ist, wird eine Vertrauensperson (evtl. ein Moderator) eingeschaltet."
- „Wir reden offen über Fehler und lernen daraus. Fehler sind Lernchancen, verschwiegene oder wiederholte Fehler werden thematisiert und haben Konsequenzen."

Formulieren Sie klare Spielregeln (= die Dos und Don'ts im Unternehmen oder in Ihrer Abteilung) statt wolkiger Absichtserklärungen.

Initiativen für mehr Wertschätzung

Wertschätzung ist keine Medizin, die man einmal verordnet. Wertschätzung muss tagtäglich gelebt und am Leben erhalten werden. Gestützt wird dies durch Aktionen, die Bewusstsein für das Miteinander schaffen. Beispiele:

- **Ein monatlicher „Tag der Wertschätzung"**
  Dies ist eine Initiative der „Heartleaders", die sich jeweils zum Dritten eines Monats einer Facette von Wertschätzung widmen und dazu Anregungen und Ideen zusammenstellen, die Sie in Ihrem Team diskutieren können. Die Themen sind 2015 unter anderm Zeit, Aufrichtigkeit, Vertrauen, Vielfalt.[46]
- **Eine Umfrage zum Thema „Wie wertschätzend sind wir?"**
  Das Thema Wertschätzung hat in den letzten Jahren immer mehr Beachtung gefunden, es ist Gegenstand zahlreicher Studien, an denen Unternehmen sich beteiligen können, wenn sie keine eigene Befragung entwickeln wollen. Ein aktuelles Beispiel ist der „Wertschätzungs-Index Deutschland", der bis Ende Mai 2015 vom Institut für angewandtes Wissen e.V. (iaw-Köln) mit Unterstützung von IBM, Handelsblatt, Randstad Stiftung u. a. erhoben wurde.[47]
- **Die Bewerbung um Arbeitgeber-Gütesiegel**
  wie „Top Job: Die besten Arbeitgeber im Mittelstand" (www.topjob.de) oder „Deutschlands beste Arbeitgeber" (www.greatplacetowork.de), die in Mitarbeiterumfragen Faktoren wie Führungsqualität, Wertschätzung und Zusammenarbeit erheben und Vergleichswerte zu anderen Unternehmen liefern (Benchmark).
- **Der Einsatz eines „Feel-Good-Managers",**
  der sich um gutes Arbeitsklima und wertschätzenden Umgang kümmert, konkrete Aktionen plant (wie die im Abschnitt „Kleine Gesten, die Großes bewirken") und als Ansprechpartner fungiert, wenn es Probleme gibt.

Null Toleranz für Missachtung

Wertschätzung kann nicht angeordnet werden

„Wertschätzung ist keine Führungsmethode, sondern eine persönliche Grundhaltung. Sie kann deshalb nicht trainiert oder gar angeordnet werden“[48], warnt Achim Michalke, Professor für Technische Unternehmensführung. Damit hat er zweifellos recht. Wer es gewohnt ist, mit Betreten des Firmengeländes die Rüstung des unnahbaren Managers anzulegen, wird sich schwertun mit einem offenen und wertschätzenden Umgang. Und wer meint, dass Menschen am ehesten mit Druck in Bewegung zu bringen sind, wird sich dem Thema ohnehin verweigern (zum Menschenbild vgl. Kapitel 2: „Mögen Sie Menschen?“). Wertschätzende Führung setzt die Bereitschaft voraus, als Mensch greifbar zu sein und sich anderen bis zu einem gewissen Grad zu öffnen. Dennoch: Dass Führungskräfte umdenken und einen Kulturwandel anstoßen können, zeigen die Unternehmensbeispiele *NordseePflege* und *Upstalsboom*. Die Beispiele belegen auch, dass es dabei nicht um ein kuscheliges Wohlfühlklima, sondern um ein produktiveres Arbeitsumfeld geht. Chefs, die sich für mehr Wertschätzung engagieren, sind keine Romantiker, sondern durchaus auch kühle Rechner: Wenn der Krankenstand sinkt und die Arbeitsfreude steigt, zahlt sich das in barer Münze aus.

Was ist tabu?

Wie bei jeder Unternehmenskultur gilt auch für die Wertschätzungskultur: Nicht jeder Mitarbeiter, jede Führungskraft mag hier mitmachen. Absolute „No-Gos“ sind:

- Mitarbeiter, die auf Intrigen und Verleumdung setzen,
- Führungskräfte, die menschenverachtend, willkürlich und autoritär agieren,
- Mobbing, sexuelle Übergriffe, Nötigungen, Einschüchterungen,
- systematische Ausbeutung und Überforderung von Mitarbeitern.

Wie ernst es einem Unternehmen mit der Wertschätzungskultur ist, zeigt sich darin, wie konsequent es gegen Verstöße vorgeht.

Dass der Redaktionsleiter beim angesehenen Magazin ein hartes Regiment führt, ist allgemein bekannt. Mitarbeiter klagen über Demütigungen und Drohungen. Jüngste Geschichte, die sich wie ein Lauffeuer verbreitet: Der Leiter hat einen der Redakteure im Fahrstuhl an die Wand gedrängt und ihm Nasenspitze an Nasenspitze zugezischt: „Ich mach Sie sowas von fertig, wenn Sie nicht xy tun!! Sie werden nicht mehr wissen, wo oben und wo unten ist!" Konsequenzen hat dieses Verhalten nicht.

Menschen zum Blühen bringen!

In einer Wertschätzungskultur müsste man sich von einer solchen Führungskraft trennen, fachliche Meriten hin oder her. Alles hat seinen Preis – auch ein produktives und gutes Unternehmensklima. Dass sich diese Investition auszahlt, bestätigen uns Unternehmer, die eine Wertschätzungskultur pflegen. Sie berichten von hoher Arbeits- und Einsatzfreude und Spaß am gemeinsamen Erfolg. Ihre Mitarbeiter sind begehrt und werden gerne abgeworben, erzählen beispielsweise Klaus Kobjoll vom Hotel Schindlerhof in Nürnberg oder Gülsen Sariergin von der Nordseepflege. Interessanterweise kehren etliche dieser Mitarbeiter nach einiger Zeit wieder zurück: Sie haben erlebt, dass sie ihr Potenzial in einem weniger guten Umfeld nicht entfalten können. Eine Wertschätzungskultur bringt Menschen zum Blühen!

Auf einen Blick

- In einer Wertschätzungskultur passen die Arbeitsbedingungen („Hygienefaktoren"), die Grundhaltungen (zum Beispiel das Menschenbild) sowie die gelebten Werte zu einem wertschätzenden Umgang.
- Eine Schlüsselrolle bei der Etablierung und Erhaltung einer Wertschätzungskultur haben die Führungskräfte. Dennoch kann jeder Mitarbeiter an seinem Platz zu mehr Wertschätzung beitragen.
- Heute suchen viele Menschen in ihrer Arbeit Sinn und persönliche Bestätigung. „Wertschöpfung" und „Wertschätzung" sind daher keine Gegensätze, sondern gehen Hand in Hand.
- Die sieben Gebote wertschätzender Führung sind: Menschlichkeit, Vertrauen, Freiräume, Entwicklungsmöglichkeiten, Gehört-Werden, Ehrlichkeit, Ganzheitlichkeit.
- Wertschätzende Kommunikation und kleine Gesten der Wertschätzung im Alltag sind wichtig. Dabei wirkt nur, was von Herzen kommt.
- Klare Spielregeln für den Umgang miteinander („Dos und Don'ts") sind wirksamer als wolkige Leitbilder.
- Wie ernst es einem Unternehmen mit der Wertschätzungskultur ist, zeigt sich darin, wie konsequent es gegen Verstöße vorgeht.
- Eine Wertschätzungskultur erschließt das Potenzial von Menschen, das in anderen Kulturen möglicherweise verkümmert.

5 Im Unternehmen: So machen Sie Anerkennung zum Erfolgsmotor

Wie Sie als Führungskraft Anerkennung geben

Führen als Dienstleistung

Führen ist mehr als planen, Aufgaben verteilen und Ergebnisse kontrollieren. Menschen zu führen bedeutet, ihnen ein Umfeld zu bieten, in dem sie ihre Stärken entfalten und Leistung erbringen können und wollen. Dafür muss eine Führungskraft nicht nur die sachlichen Ressourcen zur Verfügung stellen (also Arbeitsmaterial, Büro, Bezahlung), sondern auch die „emotionalen Ressourcen". Neben einer grundsätzlichen Wertschätzung (vgl. Kapitel 4) bedeutet dies vor allem die Anerkennung konkreter Verdienste. Führen wird so zur Dienstleistung am Mitarbeiter, eine Führungsauffassung, die sich in immer mehr Unternehmen durchsetzt. In manchen Organisationen drückt negatives Feedback für Führungskräfte in einer Mitarbeiterbefragung inzwischen sogar deren Bonus.

Anerkennung macht erfolgreicher

Schon zu Beginn des Buches haben wir Studien zitiert, die belegen, dass „weiche Faktoren harte Fakten schaffen" (vgl. Kapitel 1). An Erhebungen dazu, was Mitarbeiter zufrieden macht, ist kein Mangel. Jedes Jahr kommen neue hinzu, und die Ergebnisse gleichen sich. Eine der jüngsten Studien stammt vom US-Institut O.C. Tanner, das für sich reklamiert, seit 85 Jahren in der „recognition industry" („Anerkennungsbranche") zu

Hause zu sein (www.octanner.com). 2014 veröffentlichte das Institut die Antworten auf die Frage „Was ist das Wichtigste, das das Unternehmen oder die Führungskraft tut (oder tun könnte), damit Sie großartige Arbeit liefern?" „Mich anerkennen" (recognize me) antworteten 37 Prozent und damit die größte Gruppe, gefolgt von „nichts" (13 Prozent), „mehr Autonomie" (12 Prozent) und „Inspiration" (12 Prozent). Nur magere 7 Prozent antworteten „mehr bezahlen".[49] Mehr Anerkennung führt zu mehr Motivation, höherer Arbeitsleistung und stärkerer Mitarbeiterbindung an das Unternehmen, auch dies ein Ergebnis der Studie. Wer es lieber in harten Fakten mag, sei auf die Gallup Meta-Analyse 2012 verwiesen, die für emotional ans Unternehmen gebundene Arbeitnehmer nicht nur 22 Prozent mehr Rentabilität und 21 Prozent mehr Produktivität, sondern auch 37 Prozent weniger Fehltage und eine um 65 Prozent geringere Fluktuation belegt. Vielleicht rechnen Sie einmal aus, um wie viel dies in Ihrer Abteilung / Ihrem Unternehmen den Gewinn steigern und die Kosten reduzieren würde!

Denkanstoß

Wem gebe ich Anerkennung? Wem nicht?

- Wem habe ich schon lange keine Anerkennung mehr gegeben trotz guter Leistung?
- An wessen gute Leistung habe ich mich gewöhnt?
- Wer kann mir nichts recht machen? Was habe ich dabei gegebenenfalls übersehen?

Paradoxerweise bekommen häufig die Leistungsträger in einer Abteilung die geringste Aufmerksamkeit: Vorgesetzte sind froh, dass es in deren Bereich läuft, und arbeiten sich an Krisenbereichen ab. Das Risiko, das sie dabei eingehen: Ihre besten Mitarbeiter verbrennen, weil sie sich selbst überfordern, oder sie verlassen frustriert das Unternehmen.

Die vier Funktionen der Anerkennung

Was Anerkennung konkret bewirkt

„Wer Anerkennung sät, wird Leistung ernten“[50], sagt der Soziologe Stephan Voswinkel. Sieht man genauer hin, wird deutlich, warum das so ist. Anerkennung hat eine Reihe wichtiger Funktionen:

1. Information,
2. Verhaltenssteuerung,
3. Stärkung der Professionalität,
4. Motivation.

Information

Anerkennung und (konstruktive) Kritik informieren den anderen darüber, wie sein Verhalten oder seine Leistung beurteilt wird. Gezielte Hinweise helfen, blinde Flecken aufzuhellen und eigene Fehleinschätzungen zu korrigieren.

Verhaltens-steuerung

Menschen neigen dazu, Verhalten zu verstärken, für das sie Anerkennung erhalten, und Verhalten zu vermeiden, bei dem das nicht der Fall ist oder das kritisiert wird. Anerkennung und Kritik sind daher wesentliche Mittel, das Verhalten von Mitarbeitern zu steuern.

Stärkung der Professionalität

Durch positive Rückmeldungen anderer werden wir in unserem Selbstbild und in unserem beruflichen Tun bestärkt. Wir spiegeln uns unweigerlich in anderen Menschen. Ein Mitarbeiter, der wiederholt erfährt, er sei ein exzellenter Koch, Werbetexter oder Controller, wird dieses Bild für sich annehmen und seine Aufgaben mit (noch) mehr Selbstvertrauen wahrnehmen. Anerkennung verschaffe eine „subjektiv-sinnhafte Erfahrung von Arbeit“, erklärt dies der Wirtschaftspsychologe Ralph Sichler. Auf diese Weise stütze Anerkennung die „Ausbildung von Professionalität, beruflicher Identität und organisatorischer Rollenidentität“.[51]

Positive Resonanz anderer auf die eigene Arbeit stärkt die Identifikation mit dem Job, motiviert und steigert die Professionalität.

Motivation

„Anerkennung ist wie Schokolade", haben wir weiter vorne geschrieben. In der Tat lösen anerkennende Worte Glücksgefühle (eine Dopamin-Ausschüttung) aus, stärken die Arbeitsfreude und die Bindung ans Unternehmen, wie die eben zitierten Studien erhärten. Umgekehrt führt mangelnde Anerkennung dazu, dass Mitarbeiter das Weite suchen.

In vielen Restaurantküchen herrsche Notstand, beklagt Benedikt Zangerle in seinem Beitrag vom 26.08.2015 im Branchenportal PREGAS. „Fehlende soziale Kompetenz" führe zu starker Fluktuation. Im Klartext: Immer weniger Mitarbeiter wollen sich mit dem traditionell in der Küche gepflegten Kasernenhofton anfreunden. In einer anerkennungsfreien Zone mag heute kaum noch jemand arbeiten. Das wird für immer mehr Unternehmen zum Problem, nicht nur in der Hotellerie und Gastronomie.

Fünf Gründe für den Mangel an Anerkennung

Warum Anerkennung oft ausbleibt

Wenn Anerkennung erwiesenermaßen so wichtig ist und wenn wir das seit Jahren wissen – warum wird dann Anerkennung in vielen Unternehmen so sparsam gegeben? Die wichtigsten Hindernisse für mehr Anerkennung auf einen Blick:

1. eine verzerrte Eigenwahrnehmung,
2. „keine Zeit für Anerkennung",
3. die Unsichtbarkeit von Leistungen,
4. die Annahme, nur Spitzenleistungen verdienten Anerkennung,
5. Unsicherheit, welche Anerkennung Mitarbeiter sich wünschen – und wie viel.

Verzerrte Eigenwahrnehmung Viele Führungskräfte glauben, sie gäben genug Anerkennung. Viele Mitarbeiter dagegen nehmen es ganz anders wahr. Das belegen neben Mitarbeiterbefragungen im Rahmen von Arbeitgeber-Benchmarks (wie zum Beispiel Great Place to Work) auch die Ergebnisse von 360-Grad-Befragungen auf der Basis unseres eigenen Feedback-Tools[52].

Übung: Mehr Anerkennung durch Murmeln

Mit einem einfachen Trick können Sie überprüfen, wie Sie es tatsächlich mit der Anerkennung halten: Stecken Sie fünf Murmeln in Ihre rechte Hosentasche. Immer, wenn Sie jemandem Anerkennung gezollt haben, wandert eine Murmel in die linke Tasche. Abends sollte die rechte Tasche leer sein. (Murmeln haben den Vorteil, dass sie sich durch ihr Gewicht immer wieder in Erinnerung bringen.)

„Keine Zeit für Anerkennung" „Ich habe mehr als genug zu tun. Da kann ich nicht noch an Anerkennung denken!" Äußerungen wie diese hören wir häufiger. Umgekehrt wird ein Schuh daraus: Wir können es uns nicht leisten, keine Zeit für Anerkennung zu haben! Wenn Mitarbeiter erst ihr Engagement herunterfahren, sich krank melden oder gar kündigen, kosten die Folgen ein Vielfaches an Zeit und Geld.

Unsichtbarkeit von Leistungen Viele Arbeiten bleiben unsichtbar, solange sie ordentlich erledigt werden. Der Vorgesetzte steht ja nicht daneben, wenn der Mitarbeiter am Hotelempfang ungeduldige Gäste konstant freundlich bedient, wenn die Buchhaltung gewissenhaft ihren Job erledigt oder wenn der Versand auch bei hohem Bestellaufkommen für pünktliche Lieferung sorgt. Erst wenn Versäumnisse passieren, rücken diese Abteilungen ins Blickfeld. So bekommt mancher Mitarbeiter selten Anerkennung, wird allerdings sofort getadelt, wenn es nicht rundläuft. Es hilft, sich gelegentlich bewusst an die zu erinnern, die nahezu unbemerkt dafür sorgen, dass ein Unternehmen funktioniert.

Denkanstoß

Haben Sie Lieblingsabteilungen?
In manchen Unternehmenskulturen herrscht Schubladendenken: Einige Abteilungen (zum Beispiel der Vertrieb) sind immer die Helden, andere gelten als Bedenkenträger (zum Beispiel die Qualitätssicherung). Folge: Anerkennung, etwa durch die Geschäftsführung, ist sehr ungleich verteilt, beispielsweise, wenn ein Bereich beim Neujahrsempfang ausführlich gewürdigt und über den anderen geschwiegen wird.
Wie ist es mit Ihnen: Haben Sie Lieblingsabteilungen? Worauf wird Ihr Blick durch Ihre Ausbildung oder Berufserfahrung gelenkt? Wessen Verdienste haben Sie schon lange nicht mehr gewürdigt?

„Normalleistungen" würdigen

„Was soll ich denn anerkennen, wenn jemand einfach nur von 9 bis 5 ganz normal seinen Job macht?", fragte uns eine Führungskraft erkennbar befremdet. Dahinter steckt die Annahme, nur außergewöhnliche Leistungen verdienten Anerkennung, nicht aber die zuverlässige und ordentliche Ausführung der Arbeit in der vereinbarten Arbeitszeit. Dem ist entgegenzuhalten: Man kann jede Arbeit schlecht, schlampig oder fehlerhaft ausführen. Wenn jemand seinen Pflichten gewissenhaft nachkommt, verdient dies ein positives Feedback. Stephan Voswinkel formuliert es so: „Normalleistungen kann man nicht bewundern – aber man kann sie würdigen."[53] Dasselbe gilt übrigens für ernsthafte Anstrengungen, die aufgrund äußerer Umstände nicht zum gewünschten Ergebnis geführt haben. Und achten Sie darauf, als gut bezahlte und ambitionierte Führungskraft nicht den eigenen Maßstab für Einsatz und Überstunden unterschiedslos an Mitarbeiter anzulegen. Anselm Grün empfiehlt in diesem Zusammenhang die Tugend der Discretio (Kunst der Unterscheidung): „Wir sollen ein Gespür dafür entwickeln, was wir dem Einzelnen zumuten sollen. Dabei sollen Starke und

Schwache nicht nivelliert werden. Vielmehr sollen die Starken ihre Stärke noch mehr entfalten, ohne dass die Schwachen entmutigt werden."[54]

Die Mitarbeiterinnen in der Verwaltungsabteilung der Bank machen einen Routinejob der immer gleichen Datenprüfung und -ablage, auf dessen zuverlässige Ausführung die Vertriebskollegen jedoch dringend angewiesen sind. Als die Führungskraft den beiden in einem Gespräch sagt, „Wissen Sie eigentlich, wie wichtig Ihre Arbeit für die guten Vertriebsergebnisse der Bank ist?!", reagieren sie erstaunt und verlassen das Büro gefühlte 10 Zentimeter größer.

Unsicherheit, welche Anerkennung Mitarbeiter wünschen

Wie viel Anerkennung Menschen brauchen, ist individuell verschieden. Wir haben dies in Kapitel 3 mithilfe des Reiss-Profils präzisiert. Sehr allgemein formuliert: Je selbstsicherer eine Person ist und je mehr Zutrauen sie in ihr eigenes Handeln hat, desto geringer ist die Dosis „Feedback von außen", die sie zum Wohlfühlen braucht, desto niedriger ist also ihr Anerkennungsmotiv. Wenn ein Chef mit niedrigem Anerkennungsmotiv auf Mitarbeiter mit hohem Anerkennungsmotiv trifft, kann das zum Problem werden – und zwar dann, wenn dem Vorgesetzten nicht bewusst ist, dass andere Menschen möglicherweise stärker auf Anerkennung angewiesen sind als er selbst. Weiter verkompliziert wird dies dadurch, dass auch die Art der Anerkennung, die Menschen sich wünschen, variiert. Wer sehr statusorientiert ist, mag durch ein größeres Büro oder einen klingenden Jobtitel zu begeistern sein. Wer ein starkes Neugiermotiv hat (also ein ausgeprägtes Bedürfnis, Neues zu lernen), wird sich eher über eine spannende Aufgabe freuen. Es gibt nur zwei Wege, herauszufinden, was welcher Mitarbeiter braucht:

1. genau hinsehen (beobachten), in welchen Situationen ein Mitarbeiter aufblüht, und
2. den Mitarbeiter fragen: Welche Form der Anerkennung Ihrer Leistung würde Sie besonders freuen?

Grundsätzlich gilt: Als Anerkennung zählt nur, was auch als solche beim Empfänger ankommt. Nicht die Absicht allein ist entscheidend, sondern wie sie interpretiert wird.

In einem Unternehmen mit rund 150 Mitarbeitern hat die neue Geschäftsführung nach einer Übernahme mit hartem Besen gekehrt. Auch ein volles Jahr nach Abschluss der Umstrukturierung ist das Klima schlecht. Daraufhin führt der Geschäftsführer das „CEO-Frühstück" ein, „damit man sich besser kennenlernt": Jeden ersten Mittwoch im Monat sind zwei Mitarbeiter zum Business-Frühstück bei ihm eingeladen. Die Einladungen verschickt die Personalabteilung streng nach Alphabet. Was der CEO als Form der Anerkennung sieht, kommt bei den Mitarbeitern ganz anders an: Viele hoffen, einen neuen Job gefunden zu haben, ehe sie „dran sind".

Von Mail bis Mitarbeitergespräch: Möglichkeiten nutzen

Unbewusstes Feedback

Bevor wir uns den Instrumenten von Anerkennung im Unternehmen zuwenden, kurz zu einer Form der Rückmeldung, die leicht übersehen wird: das unbewusste Feedback. „Da jede Begegnung zwischen Mitarbeiter und Führungskraft eine Feedback-Situation darstellt, sind Führungskräfte gehalten, sich stets wie in einer solchen zu verhalten, indem sie ihre Rolle bewusst wahrnehmen"[55], fordern die Arbeitspsychologen Rainer Niermeyer und Manuel Seyffert. Ein hoher Anspruch, denn wer denkt im Alltag immer daran, wie sein Verhalten auf sein Gegenüber wirken mag? Dennoch ist der Hinweis wichtig. Wie der Chef oder die Chefin sich verhält, wird im Allgemeinen viel genauer registriert und viel stärker gedeutet als das Verhalten der Kollegen. Da ist die Führungskraft in Gedanken woanders und versäumt zu grüßen – und schon befürchtet die Mitarbeiterin, in Ungnade gefallen zu sein. Oder eine Vorgesetzte reagiert einsilbig, weil sie sich zuvor über jemand anderen geärgert hat – und flugs deutet der Mitarbeiter das als Kritik an seiner Arbeit. Es ist gut, wenn Chefs sich über solche Deutungsprozesse im Klaren sind.

Denkanstoß

Ihr Chef und Sie
Wie reagieren Sie selbst auf Ihren Chef? Wie genau registrieren Sie im Gespräch Mimik und Gestik, Tonfall und Nebenbemerkungen? Welche Schlussfolgerungen stellen Sie an? Und welche Konsequenzen ziehen Sie daraus für Ihr eigenes Verhalten gegenüber Ihren Mitarbeitern?

Wie Sie Anerkennung und Kritik am besten formulieren, damit sie beim Gegenüber auch wirklich ankommen, haben wir bereits in Kapitel 3 erläutert (vgl. „Anerkennung spenden auf Augenhöhe“ und „Die zweite Seite der Medaille: Kritik“). Die dort geschilderten Merkmale differenzierten Feedbacks gelten im Unternehmen genauso wie im Privatleben. Die besondere Unternehmenssituation – Menschen verbringen einen Großteil des Tages miteinander, um gemeinsam Aufgaben zu lösen und Ziele zu erreichen – steckt darüber hinaus den Rahmen der Anerkennung ab: Anerkennung kann im Unternehmen entweder direkt oder indirekt und entweder formell oder informell (situativ) erfolgen.

Direkte oder indirekte Anerkennung

Beim Stichwort Anerkennung kommt den meisten Menschen zunächst die direkte Form in den Sinn: Ich sage dem anderen offen, dass ich sein Verhalten, seine Arbeit, seine Leistung sehr schätze, idealerweise in dem in Kapitel 3 beschriebenen Dreischritt:

1. „Was ich an Ihnen schätze …"
2. „Gesehen habe ich es an …"
3. „Wie machen Sie das …?"

Taten sprechen lassen

Indirekte Formen der Anerkennung würdigen Leistungen des Gegenübers, ohne dass eine solche explizite (Be-)Wertung formuliert wird. Als Führungskraft erweitern Sie damit Ihr Repertoire an Möglichkeiten, Ihren Mitarbeitern Ihre Anerkennung zu zeigen. Beispiele:

- Sie fragen einen Mitarbeiter nach seiner Einschätzung: „Sie haben ja viel Erfahrung auf diesem Gebiet. Wie beurteilen Sie …?"
- Sie bitten einen Mitarbeiter um Rat: „Ich stehe vor folgender Entscheidung: x oder y? Was würden Sie an meiner Stelle tun (und warum)? Ich würde meine Überlegungen gern mit Ihnen durchsprechen."
- Sie delegieren eine anspruchsvolle Aufgabe: „Ich habe gesehen, dass Sie xy sehr gut gelöst haben, und möchte Sie fragen ob, Sie sich vorstellen könnten, z zu übernehmen?"
- Sie bieten dem Mitarbeiter eine prestigeträchtige Funktion an, zum Beispiel die Teilnahme an bestimmten abteilungsübergreifenden Meetings oder die Abordnung zu einem wichtigen Projekt.
- Sie übertragen einem Mitarbeiter Verantwortung: „Sie haben so viel Erfahrung – das überlasse ich Ihnen. Entscheiden Sie bitte, was hier am besten zu tun ist!"
- Sie schenken einem Mitarbeiter Vertrauen: „Über diese Punkte müssen Sie mich nicht en détail informieren." Auch die Erteilung einer Zeichnungsbefugnis oder die Erhöhung eines zur Verfügung stehenden Budgets fallen hierunter.
- Sie interessieren sich für weitere Karriereziele eines Mitarbeiters und bieten Unterstützung an: „Haben Sie schon einmal daran gedacht, sich für unser Leadership-Nachwuchsprogramm zu bewerben? Gerne unterstütze ich Sie dabei."

In all diesen Fällen lässt Ihr Handeln den Rückschluss zu, dass Sie eine hohe Meinung von dem jeweiligen Mitarbeiter haben. Taten sind ein mächtiges Signal, oft wirksamer als Worte. Und ideal sind Taten plus Worte: „Ich möchte Sie in dieses Meeting senden, weil ich weiß, dass Sie solche komplexen Zusammenhänge hervorragend durchschauen“ oder „Sie sind in meinen Augen die Richtige für das Projekt, weil ich beeindruckt davon bin, wie zielstrebig Sie die Dinge immer wieder vorantreiben“.

Formelle oder informelle (situative) Anerkennung

„Du, die Frau W. hat gestern in der Außendiensttagung wirklich einen tollen Job gemacht“, berichtet der Manager beim Abendessen zu Hause. „Sehr gute Präsentation, klasse Beispiele und top vorbereitet auf alle Nachfragen!“ „Und“, fragt die Gattin, „hast du ihr das auch gesagt?“ „Äh, nein. Das hat sich in der Hektik nicht ergeben.“

Spontane Anerkennung

Situative Anerkennung bedeutet, zeitnah Feedback zu geben, möglichst noch in der Situation, in der ein Verhalten positiv (oder im Falle von Kritik: negativ) auffällt. Gängige Ausreden sind: keine Zeit; passte gerade nicht; „weiß der andere doch sowieso“ oder auch „nachher wird mir die noch übermütig, wenn ich zu viel lobe“. Alle diese Ausflüchte sind im Laufe des Buches schon entkräftet worden. Wir denken, dass hinter der Schweigsamkeit in Wahrheit oft Unsicherheit steckt, wie man die Anerkennung am besten formuliert. Auch das sollte kein Problem mehr sein, wenn Sie bis hierher gelesen haben. Wir möchten Sie daher ermuntern, im Alltag so oft wie möglich anerkennendes Feedback zu geben. Sprechen Sie es aus, wenn Ihnen durch den Kopf schießt: „Das war jetzt aber richtig gut!“ Ist die Situation nicht dazu angetan (zum Beispiel weil Sie eine Mitarbeiterin, einen Mitarbeiter nicht vor dem Team loben wollen), tun Sie es gleich im Anschluss. Geht es da nicht, greifen Sie noch am selben Tag zum Telefonhörer oder schreiben Sie eine Mail. Warten Sie nicht bis zum nächsten Jour fixe oder gar zum Jahresgespräch, dann ist die Anerkennung nur noch halb so viel wert.

Anerkennung ist wie Dünger für Motivation – ein Mal pro Jahr Düngen reicht nicht!

> **Denkanstoß**
>
> **Verspätetes Lob ist halbes Lob**
> Stellen Sie sich vor, ein sehr arbeitsreiches Halbjahr mit vielen Überstunden liege hinter Ihnen: Für die Neueinführung eines Produkts haben Sie und Ihr Team alles gegeben. Die ersten Absatzzahlen sind vielversprechend. Ihr eigener Chef lässt das unkommentiert. Erst vier Monate später, im Jahresgespräch, sagt er: „Übrigens, die Einführung des neuen Produkts – das war klasse Arbeit!" Was empfinden Sie?

Anerkennung „by walking around"

Reflektieren Sie doch einmal Ihre eigene Anerkennungspraxis: Reagieren Sie selbst immer zeitnah? Eine Möglichkeit des situativen und baldigen Feedbacks bietet neben den verschiedenen Arbeitssituationen auch die Methode des „Management by walking around" – der tägliche Rundgang durch die eigene Abteilung. Nehmen Sie wahr und entdecken Sie Verhalten, das anerkennenswert ist. Achten Sie darauf, dass Form und Ausdruck der Anerkennung dem Anlass entsprechen.

Ein junger Bauleiter hat sich über ein Jahr lang ins Zeug gelegt, damit der knappe Übergabetermin eines halben Dutzends Doppelhäuser trotz des schlechten Wetters und der Insolvenz eines Subunternehmers gehalten werden kann. Zusammen mit dem Weihnachtsgeld überweist ihm das Unternehmen 400 Euro zusätzlich. Der Mitarbeiter ist empört: „Dann lieber gar nichts!" Vor dem Hintergrund durchgearbeiteter Wochenenden und angesichts der zig Tausend Euro Konventionalstrafe, die er dem Unternehmen erspart hat, empfindet er dieses Verhalten als Missachtung.

Die richtige Form und Dosierung

Nehmen wir an, das Bauunternehmen mache eine wirtschaftlich schwierige Zeit durch und könne einfach keine hohe Prämie zahlen. Eine symbolische Anerkennung in Form eines ausdrücklichen Dankes mit dem Händedruck des Geschäftsführers in Verbindung mit einem persönlichen Geschenk im Wert der 400-Euro-Prämie wäre sehr wahrscheinlich besser angekommen. Eine anerkennende Geste sollte dem Anlass angemessen sein. So mag für ein perfekt vorbereitetes Meeting eine kurze Dankes-Mail an die Assistentin genügen. Geht es um die Organisation einer zweitägigen Veranstaltung mit über sechzig Teilnehmern, wäre ein elektronischer Zweizeiler ein Fauxpas. Hier könnte die Anerkennung zum Beispiel mit einem sorgfältig formulierten (eventuell handschriftlichen) Brief und einem Blumenstrauß ausgedrückt werden.

! Anerkennung angemessen auszudrücken erfordert Empathie: Was wird der Empfänger fühlen, wenn die Anerkennung auf diese oder jene Weise ausgedrückt wird?

Geplante Anerkennung

Es gibt viele formelle Anerkennungsanlässe. Dazu gehören geplante und vorstrukturierte Feedback-Instrumente, wie zum Beispiel:

- in größeren Zeitabständen anberaumte Mitarbeitergespräche (etwa Jahres-, Ziel-, Probezeit-Gespräche);
- Projektabschluss-Gespräche,
- Mitarbeiterbefragungen, Gespräche im Rahmen systematischer Erhebungen wie interne und externe Qualitätsaudits, 360-Grad-Feedback (bei dem Kunden, Mitarbeiter, Vorgesetzte und Kollegen befragt werden, vgl. unser Instrument www.feedback2you.qnigge.de),
- im Zuge der Personalentwicklung eingesetzte professionelle diagnostische Verfahren, wie das Reiss-Profil der 16 Lebensmotive, das Persolog®-Verhaltensprofil, S.C.I.L.® Performance-Strategie,

- Seminare und Coachings im Kontext von Personalentwicklungsmaßnahmen.

Anerkennungskultur = Plattformen für Feedback

Auf den ersten Blick erkennbar ist, dass alle diese Instrumente eher in größeren Zeitabständen erfolgen und nicht Bestandteil des Unternehmensalltags sind. Nicht selten kommen sie sogar erst in Krisensituationen zum Einsatz, wenn etwa die Mitarbeiterbefragung anberaumt wird, weil es im Unternehmen gärt, oder ein Coaching aufgrund von Verhaltensdefiziten des Betroffenen angeregt wird. Dann wird naturgemäß eher das kritische Feedback im Fokus stehen. Das spricht dafür, der situativen Anerkennung mehr Raum im Alltag zu geben. Darüber hinaus stellt sich die Frage, wie mehr Anerkennung systematisch im Unternehmen verankert werden kann. Eine „Anerkennungskultur" entsteht am ehesten, wenn Konsens darüber herrscht, welche Kommunikationsplattformen auf welche Weise regelmäßig für das Zollen von Anerkennung genutzt werden können. Das betrifft neben den verschiedenen Meetings auch andere öffentliche Plattformen im Unternehmen. Einige Anregungen:

- **Mitarbeiterzeitung:** Reportagen über Erfolgsprojekte, Interviews mit hausinternen Experten, Porträts langjähriger Mitarbeiter.
- **Schwarzes Brett oder Flatscreen im Eingangsbereich:** Vorstellen wichtiger Projekte, Dank an die Gesamtbelegschaft für das erfolgreiche Jahr und den Einsatz dafür.
- **Intranet:** abteilungsbezogene Erfolgsmeldungen und Gratulationen (Abteilung X hat den Kunden Y gewonnen, Abteilung Z hat das Produkt W mit großem Erfolg relauncht).

In jedem Unternehmen findet zudem eine Vielzahl von Meetings unterschiedlicher Bereiche und Themenstellungen statt. Einige davon eignen sich besonders dafür, Einzelnen oder auch dem Team als Ganzes Anerkennung zu geben:

- der wöchentliche (oder vierzehntägliche, monatliche) Jour fixe mit einem Mitarbeiter,

- die wöchentliche (oder vierzehntägliche, monatliche) Teamsitzung,
- Qualitätszirkel,
- tägliche Morgen- oder Abendbesprechungen, die einige Unternehmen pflegen (zum Beispiel das Luxushotel Ritz-Carlton, das ein tägliches 15-minütiges „Line-up" sämtlicher Mitarbeiter einer Schicht als Informations- und Motivationsinstrument nutzt).

Anerkennungskultur = das Positive wahrnehmen

Wenn Führungskräfte (und Mitarbeiter) es sich zur Gewohnheit machen, in solchen Zusammenkünften den Blick nicht nur auf Herausforderungen und Probleme zu richten, sondern auch zu erwähnen, was gut war, worüber man sich gefreut hat, wem man zu Dank verpflichtet ist, wer ein exzellentes Ergebnis erzielt hat, was heute an Learnings stattgefunden hat oder wer sich in vorbildhafter Weise angestrengt hat, wäre schon viel für die Anerkennungskultur in einem Unternehmen gewonnen. Dabei plädieren wir dafür, Einzelgespräche für individuelle Anerkennung und Gruppenmeetings für Anerkennung an das Team zu nutzen.

Mehr Anerkennung zu geben kann zur Routine werden wie die tägliche Dusche: erfrischend, angenehm und aufgrund der Kürze jeden Tag machbar.

Bis zu einem gewissen Grad ist mehr Anerkennung im Unternehmen schlicht eine Frage der Gewöhnung. So, wie man sich vielleicht angewöhnt hat, im Eiltempo durch den Tag zu ackern und sich auf Probleme, Versäumnisse und Fehler zu konzentrieren, kann man sich (wieder) angewöhnen, Verdienste, geglückte Aktionen und Positives wahrzunehmen. Dabei geht es ausdrücklich nicht darum, sich mit rosaroter Brille auf der Nase die Wirklichkeit schönzureden, sondern darum, einen ausgewogeneren Blick zu entwickeln.

Denkanstoß

Drei Anregungen für ausgewogenes Feedback

In einem Erfolgsseminar unseres geschätzten Kollegen Steve Kroeger lernten wir drei Schlüsselanmerkungen für ein ausgewogenes Feedback kennen. Nachdem jeder Teilnehmer ein Herzensprojekt in der Runde präsentiert hatte, erhielt er von jedem anderen Teilnehmer ein schriftliches Kurz-Feedback mithilfe von drei Statements:

- „Das hat mir besonders gut gefallen: ..."
- „Das möchte ich dir noch als positive Anregung mitgeben: ..."
- „Das möchte ich noch fragen: ..."

Eine Anerkennungskultur entsteht umso eher, je mehr Handelnde im Unternehmen das Thema ernst nehmen und Anerkennung praktizieren. Denn wie Jammern und Klagen ist auch der wertschätzende und anerkennende Umgang miteinander ansteckend – schon deshalb, weil Anerkennung geben nicht nur dem Empfänger guttut, sondern auch dem, der gibt.

Das Mitarbeitergespräch: Fluch oder Segen?

Jahresgespräch = Feedbackgespräch?

Wenn eine Anerkennungskultur sehr stark auf das situative Feedback und auf positive Würdigungen im Rahmen regelmäßiger Meetings setzt, welche Funktion hat dann noch das Mitarbeitergespräch? In der Regel ist dieses Gespräch dafür vorgesehen, dass Führungskraft und Mitarbeiter sich (meist einmal jährlich) abseits der Tagesroutine für 60 bis 90 Minuten zusammensetzen und über Leistungen des Mitarbeiters in der Vergangenheit sowie über seine Ziele und Aufgaben, Verbesserungsmöglichkeiten und Entwicklungsperspektiven sprechen. Dafür stellt die Personalabteilung häufig einen checklistenartigen Bogen zur Verfügung, der das Gespräch strukturiert und gleichzeitig dazu dient, die Gesprächsergebnisse in der Personalakte zu dokumentieren. Das klingt erst einmal gut, doch sind die Mitarbeitergespräche tatsächlich ein empfehlenswertes Feedback-Instrument? Was skeptisch stimmt:

- Mitarbeitergespräche als Feedbackgespräche verführen dazu, Feedback tatsächlich über Monate dorthin zu vertagen und situative Anerkennung zu vernachlässigen.
- Mitarbeitergespräche verquicken Feedback mit Gehaltsfragen und Karriereperspektiven, was einen wirklich offenen Austausch verhindert, weil beide Seiten (auch) taktisch argumentieren. Beispiel: Der Mitarbeiter möchte gut dastehen, um seinen Bonus nicht zu gefährden; der Chef ist sparsam mit Anerkennung, um den Mitarbeiter nicht an eine höhere Position zu verlieren.
- Mitarbeitergespräche werden von der Personalabteilung strukturiert, terminiert und dokumentiert. Schon dieser Charakter einer halböffentlichen Pflichtveranstaltung behindert einen unvoreingenommenen Austausch.

„Gespräch" oder „Verhandlung"?

Armin Trost von der Hochschule Furtwangen bezeichnet das jährliche Mitarbeitergespräch als zentralen Bestandteil eines „Personalmanagementsystems", das in Wahrheit kein echtes „Gespräch" sei, sondern vielmehr eine „Verhandlung".[56] Um Leistungen zu dokumentieren und Arbeitsinhalte und Karriereziele zu präzisieren, hat ein solches Gespräch sicher seine Berechtigung. Ein Ersatz für Anerkennung oder gar Wertschätzung im Arbeitsalltag ist es nicht, und ebenso wenig taugt es als Platzhalter für konstruktives Feedback, das über die vergangenen zwölf Monate nicht formuliert, sondern „angespart" wurde.

Eine Klinikgruppe, die wir seit zehn Jahren zu unseren Kunden zählen, definiert das „Mitarbeitergespräch" für sich bewusst neu und anders. Das Team der Geschäftsleitung unterstreicht, es ginge darum, dass sich jede Führungskraft mindestens einmal jährlich Zeit für den Mitarbeiter und seine Anliegen nehme: „Dabei geht es uns definitiv nicht darum, ihm zu sagen, was er gut und was er nicht gut macht. Es geht uns auch nicht um eine allgemeine Bewertung seiner Arbeit (...). In den Gesprächen soll es allein darum gehen, eine persönliche Ebene zu suchen und zu finden, um zu erfahren, ob sich der Mitarbeiter wohlfühlt, was er auf dem Herzen hat und worüber er sich in Bezug auf seinen Job, seine Abteilung, ‚seine Fachklinik' für Gedanken macht. Ziel ist also, Distanz abzubauen."

Bei jedem Seminar zum Thema Mitarbeitergespräch ist ein Mitglied der Geschäftsleitung aktiv dabei, und alleine das wird von den Führungskräften als Wertschätzung wahrgenommen. Das Mitarbeitergespräch ist für die Klinikgruppe eher ein Baustein für Wertschätzung als ein Personalentwicklungsinstrument. Auch das wird nicht in jedem Umfeld und zu jeder Branche passen. Doch das Beispiel illustriert ein gestiegenes Bewusstsein dafür, dass Mitarbeiter sich am Arbeitsplatz wohlfühlen sollen und dass dafür gezielte Impulse des Topmanagements hilfreich sind.

Wenn Feedback fest in der Alltagskultur eines Unternehmens verankert ist, relativiert dies die auf beiden Seiten taktisch beeinflusste Bewertung im Jahresgespräch.

Wie Sie eine positive Fehlerkultur entwickeln

Spielregeln für den Umgang mit Fehlern

Eine echte Anerkennungskultur ist ohne den durchdachten Umgang mit Fehlern nicht vorstellbar. Dass Fehler „Lernchancen" sind und dass innovative Unternehmen „fehlerfreundlich" sein sollten, um Eigeninitiative und Kreativität ihrer Mitarbeiter nicht zu lähmen, darüber besteht weitgehend Einigkeit, zumindest theoretisch. Ob diese Haltung praktisch umgesetzt wird, hängt davon ab, ob ein Unternehmen sich über vage Absichtsbekundungen hinaus damit beschäftigt, was ein „Fehler" ist und wie man darauf reagieren sollte. Jede „Kultur" basiert auf akzeptierten Verhaltensregeln und Verhaltensroutinen. Das gilt auch für eine Fehlerkultur. Ein pauschales „Schwamm drüber" wäre eher Gleichgültigkeit als Fehlerfreundlichkeit. Und nicht selten leiden Mitarbeiter darunter, dass große Anstrengungen kommentarlos hingenommen werden, während überschaubare Fehler sofort getadelt werden.

Ursachen suchen, nicht Schuldige

Im Qualitätsmanagement versteht man unter einem „Fehler" die Abweichung von einem gewünschten Ergebnis. Damit eine „Abweichung" festgestellt werden kann, braucht es folglich eine Präzisierung des gewünschten Standards. Das sind in der Regel Kennzahlen (zum Beispiel Kundenzufriedenheitsnoten, Weiterempfehlungsquoten, Bearbeitungszeiten, Ausschussquoten in der Produktion oder Ähnliches). Werden Kennzahlen verfehlt, beginnt die systematische Suche nach den Fehlerursachen mit dem Ziel einer kontinuierlichen Verbesserung. Dabei können Fehler auf maschinelles Versagen zurückzuführen sein, auf fehlerhafte Anweisungen und unklare Prozesse oder schlicht auf menschliches Versagen. Das mag sehr technisch klingen, hat jedoch den Vorteil, Fehler und Person zu trennen und den Blick auf die zukünftige Fehlervermeidung zu richten statt auf die Suche nach Schuldigen. Grundsätzlich gehen wir, wie bereits erwähnt, davon aus, dass jeder Mensch nach bestem Wissen und Gewissen handelt und erst einmal niemand mutwillig Fehler macht.

Im Hotel, einem Familienbetrieb, kommt es bei der telefonischen Reservierung immer wieder zu Missverständnissen und Fehlbuchungen. Die Folge: unzufriedene Gäste, die ihrem Ärger auf einschlägigen Bewertungsportalen Luft machen. Haben die Empfangsmitarbeiter versagt? Bei genauerem Hinschauen zeigt sich, dass der Fehler im System liegt: Wenn die Rezeption mit nur einer Person besetzt ist, die neue Gäste in Empfang nehmen, telefonische Anfragen beantworten sowie parallel noch die kleine Hotelbar betreiben und Getränke servieren soll, dann ist das in Stoßzeiten schwer zu schaffen und führt zu Fehlern.

Denkanstoß

Fehlerursachen statt Schuldige

Bevor Sie einen Mitarbeiter kritisieren, überlegen Sie:

- Könnte der Fehler „im System" liegen (unklare Anweisungen, schlechte Organisation, schlecht abgestimmte Prozesse usw.)?
- Könnte der Fehler Folge eines technischen Defekts sein (IT-Absturz, defekte Maschinen, veraltete Arbeitsmittel usw.)?
- Oder liegt tatsächlich „menschliches Versagen im Einzelfall" vor? Neutraler formuliert: Ist der „Faktor Mensch" verantwortlich?

Der „Faktor Mensch"

Ersetzen Sie in Gedanken das latent vorwurfsvolle „menschliche Versagen“ durch das verständnisvollere „Faktor Mensch“. Menschen machen unweigerlich Fehler – das gehört zum Menschsein dazu: Wir sind eben keine Maschinen, die weder Müdigkeit noch Ablenkung kennen. Ingenieure sind überzeugt, dass selbst fahrende Automobile zu einem Rückgang der Unfallzahlen führen würden. Denn genau das sind menschliche Fehler bei Licht besehen: kleine oder größere Unfälle. Niemand baut absichtlich Unfälle (Kriminalität klammern wir hier einmal aus). Deshalb sind „Verhaltensunfälle“ im Unternehmen in der Regel verzeihlich. Ausnahmen: Jemand macht permanent Fehler und lernt nichts daraus, dann müssen Konsequenzen folgen. Oder: Jemand missachtet eindeutige Regelungen und riskiert dadurch einen Fehler mit dramatischen Folgen. Verkehrsrowdys und Geisterfahrern entzieht man schließlich auch den Führerschein.

Wo Menschen arbeiten, passieren unweigerlich Fehler. Wie „fehlerfreundlich" eine Kultur tatsächlich ist, verraten nicht Lippenbekenntnisse, sondern die Reaktionen, wenn tatsächlich ein Fehler passiert ist: Vorwürfe oder sachliche Ursachenforschung?

Wie Sie als Mitarbeiter mehr Anerkennung bekommen

Vor einiger Zeit kündigte eine langjährige Mitarbeiterin. Für uns kam das unerwartet. Die Kollegin war viele Jahre halbtags im Unternehmen und hatte mit ihrem Engagement dazu beigetragen, dass wir größer und erfolgreicher wurden. Wir hatten den Eindruck, sie sei gern bei uns. Was hatte sich geändert? Meine Frau war ins Unternehmen eingetreten und hatte Marketing und Vertrieb übernommen – Aufgaben, die die Mitarbeiterin offensichtlich „gern loswurde". Dennoch war ihre Unzufriedenheit offenbar Monat für Monat gewachsen, ohne dass wir es bemerkt hatten. Fühlte sie sich zurückgesetzt? Vermisste sie Anerkennung? Hätte sie sich gerne weiterentwickelt?

Wir bekennen uns schuldig!

Wer trug die Verantwortung für diese Entwicklung? Wir als Chefs hatten sicher nicht genau genug hingesehen. Wir hatten nicht nachgefragt: „Wie stehen Sie zu Ihrem neuen Aufgabenzuschnitt? Sind Sie zufrieden?" Und wir hatten vermutlich zu selten anerkannt, welche organisatorische Leistung im Hintergrund unsere zahlreichen Trainings und Reisen erst möglich machte. Und die Mitarbeiterin? Warum hatte sie kein Warnsignal gesendet, bevor sie kündigte?

Wir glauben, dass dies kein Einzelfall ist. Wir denken, es gibt viele Mitarbeiter, die still und heimlich gute Arbeit leisten und gleichzeitig frustriert sind, weil das zu wenig gewürdigt wird. Und wir sind der Überzeugung, dass es Aufgabe von Führungskräften ist, aufmerksamer zu sein und mehr Anerkennung zu geben. Zugleich sehen wir auch, dass Mitarbeiter eine Mitverantwortung dafür haben, dass ihre Leistungen wahrnehmbar sind.

Feedback ist (auch) eine Holschuld! Wer Anerkennung vermisst, sollte mit seinem Chef darüber sprechen.

Teufelskreise, die Mitarbeiter meiden sollten

Wir möchten Ihr Augenmerk auf drei frustrierende Teufelskreise in Sachen Anerkennung lenken. Jeder dieser Kreise kann Ihnen den Spaß an der Arbeit vergällen. Und das Leben ist zu kurz, um einen Großteil seiner wachen Zeit unzufrieden zu sein!

Was Mitarbeiter nicht weiterbringt

- **Teufelskreis 1: Keine Anerkennung? → Keine Leistung!**
  Eine mögliche Reaktion auf mangelnde Anerkennung ist, die eigene Leistung herunterzufahren – letztlich eine Trotzreaktion: „Wenn es ohnehin keiner bemerkt, strenge ich mich eben nicht mehr an!" Die wahrscheinliche Folge ist ein Leistungsabfall und damit noch weniger Anerkennung und noch mehr Frust.

- **Teufelskreis 2: Keine Anerkennung? → Leistung bis zum Umfallen!**
  Auch die Gegenreaktion ist denkbar, vor allem bei Menschen mit hohem Anerkennungsmotiv: Sie strampeln sich erst recht ab, in der Hoffnung, irgendwann endlich die verdiente Anerkennung zu ernten. Doch Vorgesetzte, die wenig anerkennend sind, nehmen auch das als selbstverständlich hin. Worauf der Mitarbeiter sich noch mehr ins Zeug legt, bis er irgendwann krank wird.

- **Teufelskreis 3: Erst Anerkennung → dann Leistung**
  Ebenso banal wie wahr: Voraussetzung für Anerkennung ist, dass es etwas anzuerkennen gibt. Anerkennung braucht

einen Anlass, die gute oder sehr gute Leistung. Hin und wieder sind Mitarbeiter der Meinung, der Chef müsse ihnen erst Anerkennung geben, um sie zu „motivieren“, und dann sei die Leistung fällig. Im Extremfall gilt das Motto: „Dem zeig ich’s, wenn der nicht nett zu mir ist!“ Erreicht wird so genau das Gegenteil: Die Anerkennung bleibt erst recht aus.

Selbst für Anerkennung sorgen

Wie viel Anerkennung Sie bekommen, haben Sie auch selbst in der Hand. „Viele Arbeitnehmer geben ihren freien Willen am Eingang des Unternehmens ab und wundern sich darüber, dass es ihnen schlecht geht“, schreibt Barbara Strohschein in ihrem Buch über die „Gekränkte Gesellschaft“[57]. Was also können Sie tun, um das Maß an Anerkennung zu bekommen, das Sie sich wünschen?

Sieben Tipps für mehr Anerkennung

Eines vorweg: Verabschieden Sie sich von der Vorstellung, dass zwangsläufig böser Wille, Gleichgültigkeit oder Unzufriedenheit dahinterstecken, wenn Ihre Leistung aus Ihrer Sicht nicht genügend gewürdigt wird. Menschen haben ein unterschiedlich hohes Bedürfnis nach Anerkennung, sie möchten für Unterschiedliches auf verschiedene Weise anerkannt werden. Möglicherweise schätzt Ihr Gegenüber (meist: Ihr Chef) Sie falsch ein. Oder er ist der Meinung, dass er seine Anerkennung gezeigt hat, bei Ihnen ist das allerdings nicht angekommen. Oder er selbst legt wenig Wert auf positives Feedback und unterstellt das auch anderen. Hektik und Zeitdruck tun ein Übriges.

Aktiv werden statt beleidigt sein

- **Tipp 1: Machen Sie einen guten Job**
  Das ist sozusagen die Basis. Stellen Sie sicher, dass Sie wissen, was von Ihnen erwartet wird, und handeln Sie entsprechend. Das schließt das Nachfragen ein, wenn Delegationsgespräche zwischen Tür und Angel geführt werden, und es schließt auch die fachlich fundierte Diskussion über Projektziele und Aufgaben ein. Fordern Sie klare Aussagen ein,

denn nur, wenn Sie wissen, was zu tun ist, können Sie gute Leistung bringen.

- **Tipp 2: Fragen Sie: „Wie zufrieden sind Sie mit mir?"**
  Eigentlich die naheliegendste Reaktion, wenn ein Chef mit Anerkennung geizt: Fragen Sie ihn einfach! „Chef, jetzt wo das Projekt XY abgeschlossen ist, hätte ich gern Ihr Feedback dazu. Wie zufrieden sind Sie mit meiner Leistung?" Oder: „Ich habe die Aufgabe Z vor nunmehr acht Monaten übernommen und inzwischen A, B und C gemacht. Wie beurteilen Sie meine Arbeit?"

- **Tipp 3: Fragen Sie: „Was kann ich besser machen?"**
  Wenn Sie sich nicht direkt nach der Zufriedenheit erkundigen mögen, können Sie diese Frage stellen. In der Regel werden Sie darauf auch erfahren, was Sie bereits gut oder sehr gut machen.

- **Tipp 4: Gehen Sie souverän mit konstruktiver Kritik um**
  Reagieren Sie auf kritisches Feedback nicht unwirsch oder beleidigt. Vielen Menschen fällt es schwer, anderen etwas Kritisches zu sagen. Seien Sie also dankbar für eine offene Rückmeldung, die Ihnen hilft, besser zu werden. Bringt Sie die Kritik aus der Fassung, bitten Sie sich für Ihre Reaktion Bedenkzeit aus. Wenn Sie jede kritische Anmerkung empört zurückweisen, wird Ihr Gegenüber sehr wahrscheinlich auch die Lust verlieren, Ihnen positives Feedback zu geben.

Die eigene Leistung sichtbar machen

- **Tipp 5: Betreiben Sie Öffentlichkeitsarbeit in eigener Sache**
  Während manche Menschen sich sehr gekonnt in Szene setzen, bekommen andere beim Thema Eigen-PR Bauchweh: „Das liegt mir einfach nicht!" Machen Sie sich klar, dass es nicht um offensives Selbstmarketing oder Marktschreierei geht, sondern darum, Ihre Leistung sichtbar zu machen. Sagen Sie „Ich", nicht „Wir", wenn etwas auf Ihr Konto geht. Berichten Sie beim Jour fixe über Erfolge. Setzen Sie Ihren Chef über positive Kundenrückmeldungen in Kenntnis.

Keine falsche Bescheidenheit

- **Tipp 6: Nehmen Sie Anerkennung an**
  Ganz wichtig: Wenn Ihnen jemand etwas Anerkennendes sagt, freuen Sie sich darüber und sagen Sie das auch. Vermeiden Sie reflexhafte Abwehr („Ach, nicht der Rede wert" oder „Andere hätten das auch gekonnt"). Wenn Sie notorisch tiefstapeln, dürfen Sie sich nicht wundern, wenn die Anerkennung irgendwann ausbleibt.

- **Tipp 7: Geben Sie selbst Anerkennung**
  Mit der Anerkennung ist es ein bisschen wie auf der alten Sponti-Postkarte, auf der zu lesen war: „Jeder denkt an sich! Nur ich, ich denke an mich." Wer selbst Anerkennung zollt, bekommt auch mehr zurück. Es ist ein Irrglaube, dass Chefs keine Anerkennung brauchen. Das stimmt selbstverständlich nicht, denn Chefs sind auch nur Menschen. Geben Sie Ihrem Vorgesetzten ruhig auch mal Anerkennung (natürlich nur ehrliche). Tun Sie es gleich beim nächsten Zusammentreffen und seien Sie gespannt, was passiert. Schreiben Sie uns eine E-Mail (info@qnigge.de) über Ihre Erfahrungen?

Übung: Dem Chef Anerkennung geben

Ihr Chef hat keine Anerkennung verdient? Er ist humorlos, gleichgültig, fordernd oder sogar unfreundlich? Schauen Sie mal genauer hin. Die Aufgabe: Entdecken Sie in den nächsten drei Tagen mindestens drei Dinge, die positiv sind an Ihrem Chef! Notieren Sie sie gleich hier:

1. ______________________________

____

____

2. ____

____

____

3. ____

____

____

Scheuklappen ablegen

Hand aufs Herz: Wir alle machen es uns im Leben gern in den Schubladen unserer (Vor-)Urteile bequem. Wir sehen irgendwann nur noch, was wir zu sehen erwarten. Die eigenen Scheuklappen abzulegen und wach und wohlwollend zugleich auf unsere Umwelt zuzugehen sind die ersten Schritte zu mehr Anerkennung im Unternehmensalltag. Das gilt für Mitarbeiterinnen und Mitarbeiter wie für Führungskräfte! Und nicht zu vergessen: Das Gesagte gilt natürlich nicht nur im Unternehmen, sondern bringt auch im Privatleben überraschende Ergebnisse. Probieren Sie es aus!

Auf einen Blick

- Zahlreiche Studien belegen: Anerkennung ist eine Investition in den Unternehmenserfolg.
- Zentrale Funktionen der Anerkennung im Führungskontext sind: Information für den Mitarbeiter, Verhaltenssteuerung, höhere Identifikation mit dem Unternehmen und der Berufsrolle, Motivation.
- Überprüfen Sie Ihre Messlatte: Auch Normalleistungen verdienen, gewürdigt zu werden.

- Denken Sie als Chef daran, dass Ihr Verhalten möglicherweise schon als Feedback interpretiert wird, ohne dass es Ihnen bewusst ist.
- Anerkennung kann explizit formuliert werden (direkte Anerkennung), sie kann durch Taten ausgedrückt werden (indirekte Anerkennung). Außerdem kann sie spontan erfolgen (situative Anerkennung) oder geplant zu bestimmten Anlässen (formelle Anerkennung).
- In einer Anerkennungskultur wird Anerkennung bewusst gepflegt, informell und spontan wie auch reflektiert zu bestimmten Anlässen.
- Entscheidend ist nicht nur, wie der Spender von Anerkennung es „meint", sondern auch, was beim Empfänger ankommt. Dazu gehört, dass die Form der Anerkennung auf den Anlass abgestimmt sein sollte.
- Feedback auf das Jahresgespräch zu vertagen führt zu einem Anerkennungsdefizit.
- Ein Jahresgespräch, das Feedback mit Karriere- und Gehaltsfragen verknüpft, ist eher eine taktische Verhandlung als ein offenes Gespräch.
- Zu einer glaubwürdigen Anerkennungskultur gehört eine positive Fehlerkultur. Diese zeichnet sich dadurch aus, dass nicht Schuldige gesucht werden, sondern Fehlerursachen.
- Anerkennung ist auch eine Holschuld! Mitarbeiter, die Anerkennung vermissen, sollten in die Offensive gehen und mit ihrem Chef darüber sprechen.

6 Im Kundenkontakt: Was Wertschätzung und Anerkennung bewirken

Weiche Faktoren im Verkauf

Die Rolle der Emotionen

Kunden von heute erwarten Qualität, preiswerte Produkte, guten Service. Ist das alles nicht genug? Müssen Sie sich jetzt auch noch mit den Gefühlen Ihrer Kunden auseinandersetzen? Die Antwort lautet: Ja. Zumindest dann, wenn Sie nachhaltig erfolgreich sein wollen. „Verkaufen ist Emotionsmanagement“[58], betont Marketingexpertin Anne M. Schüller schon im Titel eines Aufsatzes, der sich auf Ergebnisse der Hirnforschung beruft. Entscheidungen, auch Kaufentscheidungen, sind überwiegend emotional geprägt. Mit anderen Worten: Wir kaufen dort, wo wir ein gutes Gefühl haben. Unser Verstand kommt meist erst ins Spiel, wenn es gilt, getroffene Entscheidungen nachträglich zu rechtfertigen.

Der Optiker bietet auch Batteriewechsel für Uhren an. Ein älterer Kunde reklamiert, kurz danach sei der Gehäuseboden seiner Uhr abgefallen. „So neu ist die ja nicht mehr!“, entgegnet der Optiker reserviert. Ergebnis: Der Kunde fühlt sich brüskiert und kauft auch seine Brillen zukünftig bei der Konkurrenz. Über die Jahre summiert sich das zu einem deutlich vierstelligen Umsatzverlust.

Wechselbereite Kunden

Auch Kunden möchten wertgeschätzt und anerkannt werden. Wird diese Erwartung nicht erfüllt, suchen sie das Weite. Nur

Quasi-Monopole können es sich auf Dauer leisten, Kunden gleichgültig oder gar unfreundlich zu behandeln. Dies hier ist kein Buch zum Thema Kundenservice; dazu gibt es eigene Publikationen. Hinweise, wie Sie mit durchdachten Prozessen und Standards systematisch die Grundlage dafür schaffen, mit „durchschnittlichen" Mitarbeitern überdurchschnittlichen Service zu leisten, finden Sie in Markus F. Weidners Buch „Gut ist nicht genug"[59]. An dieser Stelle konzentrieren wir uns vorrangig darauf, wie Sie Ihren Kunden Wertschätzung und Anerkennung geben.

! Kunden kaufen dort, wo sie ein gutes Gefühl haben.

Kunden mit Wertschätzung begegnen

Die Komponenten der Kundenwertschätzung unterscheiden sich nicht von denen im zwischenmenschlichen Umgang überhaupt. Auch gegenüber Kunden geht es um Aufmerksamkeit, Respekt, Höflichkeit, Toleranz und Empathie (vgl. Kapitel 2). Wer sich als Mensch nicht wertgeschätzt fühlt, trägt sein Geld über kurz oder lang woanders hin.

Wertschätzung beginnt mit Wahrnehmung

Wertschätzung beginnt mit Wahrnehmung, denn wir alle wollen gesehen und bemerkt werden. Und das ist ein Trumpf, den kleinere Dienstleister gegenüber anonymen Anbietern und Online-Riesen ausspielen sollten:

Seit über einem Jahr ersteht die Kundin alle Bücher in der Buchhandlung vor Ort. Sie möchte nicht unbedingt die Branchenriesen im Internet stärken. Doch obwohl sie mehrmals im Monat bei ihm einkauft, begrüßt sie der Buchhändler jedes Mal so reserviert wie eine Unbekannte. Die Kundin kommt zu dem Schluss, dass sie diesen anonymen Service auch im Internet haben kann. Offenbar ist sie nicht die Einzige: Zwei Jahre später muss die Buchhandlung Insolvenz anmelden – und das mitten in der

Einkaufsstraße eines wohlhabenden Stadtviertels. „Schuld" ist die Online-Konkurrenz, da ist sich der Inhaber sicher.

Wohlfühlfaktor persönliche Zuwendung

„Wer nicht lächeln kann, sollte kein Geschäft eröffnen", sagt ein chinesisches Sprichwort. Das gilt heute mehr denn je. Wo Produkte und Dienstleistungen sich immer ähnlicher werden und das Internet für umfassende Transparenz sorgt, wird die Art der Kundenansprache zum entscheidenden Verkaufsargument. „Der Großteil der Hotels unterscheidet sich heute nicht mehr, alle bieten gute Qualität. Was den Unterschied ausmacht, sind die Menschen"[60], sagt beispielsweise Tashi Takang, Generaldirektor des Fünf-Sterne-Hotels *Park Hyatt Hamburg*. Wie zeigen Sie Ihren Kunden, dass Sie sie schätzen? Schauen wir uns die fünf Komponenten der Wertschätzung unter diesem Blickwinkel an.

Aufmerksamkeit gegenüber Kunden

Hier geht es um (eigentlich selbstverständliche) Gesten wie Lächeln, Grüßen, mit Namen ansprechen. Vielleicht auch um die Zeit für ein kleines Schwätzchen. Warum gehen viele Kunden gern auf den Wochenmarkt, obwohl sie Gemüse oder Käse deutlich günstiger im Supermarkt erstehen könnten? Sie suchen das persönliche Einkaufserlebnis. Es ist ja kein Zufall, dass Online-Händler mit namentlicher Kundenansprache und anderen Algorithmen dieses Erlebnis zu imitieren suchen.

Denkanstoß

Ihr Bild vom Kunden

- Wie sehen Sie Ihre Kunden? Als Menschen, zu denen Sie eine positive Beziehung aufbauen wollen, oder als bloße Umsatzbringer?
- Kennen Sie Ihre Stammkunden? Was wissen Sie über sie?
- Mögen Sie Ihre Kunden? Fühlen Sie sich mit ihnen verbunden? Oder betrachten Sie sie eher als nüchtern zu managende Größe?

Respekt gegenüber Kunden

Jemanden zu respektieren bedeutet, ihn ernst zu nehmen in seinen Befindlichkeiten, Eigenheiten, Wünschen. Etwas von diesem Respekt schwang in dem alten Bonmot mit „Der Kunde ist König". Ob der Gast sein teures Filet „ganz durch" will oder die Kundin eine Blusenfarbe nicht mag: Belehrungen verbieten sich von selbst. Auch wenn der Koch sich die Haare rauft oder „man das heute so trägt". Wer Kundenanliegen ernst nimmt, macht dies beispielsweise durch aufmerksames Zuhören und Nachfragen deutlich oder dadurch, dass er den Stift zückt und sich im Gespräch Notizen macht.

Das Ehepaar möchte sein Badezimmer umfassend renovieren. Der erfahrene Handwerksmeister, von dem es ein Angebot einholt, weiß bei der Ortsbesichtigung gleich genau, wo es langgeht. Er empfiehlt eine „Lackspanndecke" („das Neueste"), sieht sofort, was wo hingehört („und die Dusche bauen wir dort in die Ecke") und hält sich gar nicht groß mit Fragen nach den Vorstellungen der Kunden auf. Ergebnis: Den Zuschlag erhält ein Anbieter, der teurer ist, gemeinsam mit dem Paar plant und ihm auf Augenhöhe begegnet.

Höflichkeit gegenüber Kunden

Exzellente Umgangsformen, die von Herzen kommen, sind Wertschätzung pur. Beispiele:

- der Friseur, der Kundinnen bei Nieselregen mit einem großen Schirm zum Auto begleitet;
- der Verkäufer, der sich für die Geduld des Kunden bedankt, der einen Moment auf die Beratung warten musste;
- der Einzelhändler, der schwere Ware zum Auto tragen lässt;
- der Juwelier, der Kunden hinausbegleitet und ihnen die Tür aufhält (egal, ob und was sie gekauft haben);
- der Dienstleister, der Termine einhält und sich bei einer Wartezeit von mehr als einer halben Stunde mit einem kleinen Geschenk entschuldigt;
- der Malermeister, der persönliche Geburtstagsgrüße versendet.

Den anderen nehmen, wie er ist, seine Werte schätzen, auch wenn wir sie selbst nicht teilen, so haben wir Toleranz definiert. Darin steckt das Ideal der Gleichwertigkeit. Ob beispielsweise der Kunde im Autohaus teure Designerkleidung oder saloppe Freizeitkleidung trägt, sollte für die Servicequalität unerheblich sein. Dennoch kann es sein, dass der Erste ausführlich beraten wird, während der Zweite allenfalls Prospekte in die Hand gedrückt bekommt, wenn überhaupt.

Toleranz gegenüber Kunden

Wo drückt den Kunden der Schuh? Das ist letztlich die Schlüsselfrage einer erfolgreichen Geschäftsbeziehung. Ist diese Beziehung von Wertschätzung geprägt, erstreckt sich diese Frage nicht nur auf das Produkt oder die Dienstleistung selbst, sondern auch auf die Umstände des Verkaufens. Ein empathischer Anbieter widmet sich auch den „Problemen daneben“, wie Marketingexperten das nennen. Beispiele:

Empathie gegenüber Kunden

- die Apothekerin, die älteren Kunden Sitzgelegenheiten für kleine Wartezeiten bietet;
- der Arzt, der eine Sprechstundenhilfe ausbildet, die auch türkisch spricht;
- das Möbelhaus, das eine großzügige Spielecke für Kinder eingerichtet hat und dort auch eine Erzieherin beschäftigt;
- der Notar, der eine kleine Broschüre zum „Fachchinesisch“ im Immobilien-Kaufvertrag erstellt hat und diese zusammen mit Vertragsentwürfen versendet;
- der Handwerker, der sich schon vor der Haustür Plastiküberzieher über die Schuhe streift und dem Kunden für die Auftragsausführung eine „Sauberkeitsgarantie“ gibt.

Wertschätzung lebt von der persönlichen Geste. Entwickeln Sie daher eigene Ideen, die auf Ihre Kunden abgestimmt sind.

Denkanstoß

Ideen für mehr Kundenwertschätzung

Setzen Sie sich mit Ihrem Team zusammen und machen Sie ein Brainstorming zu Wertschätzungsideen. Leitfragen:

1. Wie zeigen wir unseren Kunden, ...
   ... dass wir sie mögen?
   ... dass es uns wichtig ist, dass sie sich bei uns wohlfühlen?
   ... dass wir ihre Anliegen ernst nehmen?
2. Was können wir im Service anders und besser machen als unsere Mitbewerber?
3. Welche Ideen aus anderen Branchen und Servicebereichen können wir kreativ adaptieren?
4. Welche Service-Idee hat uns zuletzt begeistert – und welche Konsequenzen können wir daraus für uns ziehen?
5. Welche Werte teilen wir mit unseren Kunden – und wie beeinflusst das unser Handeln?

Der Blick in andere Branchen

Möglicherweise hat sich der Marketingmanager der Fluglinie, die kleine Spielzeuge an mitreisende Kinder verteilt, ja an den Metzger seiner Kindheit erinnert, bei dem es eine Scheibe Wurst gab. Und der Arzt, der eine Kinderspielecke im Wartezimmer eingerichtet hat, ließ sich vielleicht vom „Kinderparadies“ beim bekannten schwedischen Möbelhaus inspirieren.

Kunden Anerkennung spenden

Anerkennung ist die positive Reaktion auf ein konkretes Verhalten des anderen. Nahe liegt, dass Kunden anerkennen, wenn sie vom Anbieter gut bedient werden. Doch dass umgekehrt Dienstleister ihren Kunden Anerkennung geben? Diese Idee ist zunächst ungewohnt.

Der überraschte Kunde findet im Briefkasten ein kleines Päckchen des von ihm beauftragten Installateurs vor. Darin: eine hochwertige Schokolade. „Ein süßer Gruß als kleines Dankeschön für die reibungslose Zusammenarbeit und die prompte Begleichung unserer Rechnung", heißt es auf der beiliegenden Karte. Davon erzählt der Kunde im Bekanntenkreis so oft, dass es dem Handwerker gleich einen neuen Auftrag beschert.

Jeder von uns freut sich über ehrlich gemeinte Anerkennung. Warum sollte diese nicht von einem Verkäufer, Handwerker, Kundenberater kommen können? Bei Licht betrachtet lassen sich fast alle Spielarten der Anerkennung aus Kapitel 3 auch im Kundenkontakt einsetzen:

Spielarten der Kundenanerkennung

- **Urkunden, Medaillen oder Preise**
  Den „Mitarbeiter des Monats" kennen Sie. Hotelier Bernd Reutemann lässt die Mitarbeiter in seinem Haus den „Gast des Monats" küren und präsentiert diese Gäste mit Foto auf einer „Wall of Fame". Dabei sei ausdrücklich nicht das Trinkgeld entscheidend, sondern das Bauchgefühl der Mitarbeiter. Ein anderes Beispiel sind Ferienorte, die treue Gäste zu Jubiläen (wie dem fünften oder zehnten Besuch) mit Urkunden oder Medaillen ehren.
- **Geld oder andere Formen materieller Anerkennung**
  Treueprämien oder Frühbucherrabatte für Schnellentschlossene fallen in diese Kategorie. Beispiele: die Treuekarte beim Bäcker oder Friseur (für zehn Besuche/Stempel gibt es ein Geschenk) oder der Textilversender, der mitteilt: „Sie zählen zum Kreis unserer besten Kunden. Dafür möchten wir uns ganz herzlich mit einem Rabatt von 25 Prozent auf Ihre nächste Bestellung bedanken."
- **Spannende neue Aufgaben, mehr Verantwortung**
  Unter dem Stichwort „Kundenintegration" werden Ansätze diskutiert, den Kunden aktiv in die Leistungserstellung einzubeziehen. Das umfasst zum Beispiel Ideenwettbewerbe (die besten Ideen werden umgesetzt, etwa das Design für ein Schmuckstück), Qualitätszirkel mit Kundenbeteiligung, Umfragen zur Optimierung des Angebots, Individualisie-

rung von Produkten nach Kundenwünschen (vgl. zum Beispiel Unternehmen wie My Müsli oder andere Formen der Mass Customization). Der Kunde kann so aktiv mitgestalten, er wird als kompetenter Partner ernst genommen.

- **Schriftlicher oder mündlicher Dank**
  „Vielen Dank für Ihren Einkauf!" steht auf manchen Kassenbelegen. Mehr Freude käme bei den meisten Kunden vermutlich auf, wenn ihnen das (wie beim Einkauf in den USA) persönlich gesagt würde. Fluglinien oder Bahnunternehmen bedanken sich inzwischen für die Reise mit ihnen. Noch wirksamer als ein solcher Standarddank ist sicher das unvermutete Dankeschön außer der Reihe, etwa beim Stammkunden. Warum beispielsweise ködern Banken Neukunden oder Zeitschriftenverlage Abonnenten mit Sonderkonditionen und Prämien, während sie treue Stammkunden vernachlässigen?
- **Bewunderung**
  Warum nicht, wenn es etwas zu bewundern gibt? Wie wäre es, wenn ein Gartencenter die schönsten Gärten seiner Kunden dokumentiert, der Hersteller von Baukästen im Netz die besten Modelle mit Fotos präsentiert oder ein Versicherungskonzern dem Autofahrer seine Hochachtung für dreißig Jahre unfallfreies Fahren zusätzlich zum gewährten Rabatt in einem persönlichen Schreiben ausdrückt?
- **Komplimente**
  Ehrlich gemeinte Liebenswürdigkeiten fallen auch in der Kundenkommunikation auf fruchtbaren Boden, gleichgültig, ob es sich um die Wohnungseinrichtung, den Kleidungsstil oder die ungewöhnlich höflichen und gut erzogenen Kinder handelt. Die Betonung liegt hier auf „ernst gemeint", leere Schmeicheleien werden von den meisten Menschen als solche enttarnt. Während gönnerhaftes Lob und herablassender Tadel sich im Kundenkontakt verbieten, ist partnerschaftliches Feedback hier auf jeden Fall gefragt.

Sie können in jeden Kundenkontakt eine kleine oder große Anerkennung einbauen, wenn Sie nur genau hinsehen.

- **Anerkennung auf Augenhöhe**
  Würdigen lassen sich beispielsweise die exzellente Vorbereitung eines Kunden auf ein Beratungsgespräch, das genaue Briefing des Dienstleisters, das eine maßgeschneiderte Umsetzung erlaubt, oder auch das profunde Vorwissen des Kunden. Das Spektrum reicht von kleinen Bemerkungen (etwa wenn der Kellner die Menüauswahl mit einem „Sehr gut!" bekräftigt) bis zu ausführlichem Feedback im empfohlenen Dreischritt:
  1. Stärke/Eigenschaft benennen
     „Mich beeindruckt, wie gut Sie sich mit Wein auskennen."
  2. Beweis (Grund für die Anerkennung) anführen
     „Sie haben zielsicher die besten Jahrgänge ausgewählt."
  3. Frage (Dialog eröffnen)
     „Woher kennen Sie sich so gut aus?"
- **Kritik auf Augenhöhe**
  Konstruktiv kritisieren
  Kunden kritisieren?? Auch das ist möglich und aus Gründen der Professionalität manchmal sogar geboten. Bei wichtigen Grundsatzfragen bewährt sich auch hier die in Kapitel 3 vorgeschlagene Vorgehensweise. Nehmen wir zum Beispiel einen Architekten, der seinen enthusiastisch mitplanenden Kunden etwas bremsen möchte:
  1. Erlaubnis einholen
     „Vielen Dank, Herr W., für Ihre ausführlichen Vorgaben! Darf ich dazu etwas anmerken?"
  2. Anerkennung geben
     „Ich schätze sehr, dass Sie sich so intensiv mit den verwendeten Baumaterialien auseinandersetzen."
  3. Bessere Lösung oder negative Konsequenzen ansprechen
     „Ich fürchte allerdings, dass wir Ihren Kostenrahmen

deutlich sprengen, wenn Sie sich an Beispielen dieser auf Luxusimmobilien ausgerichteten Zeitschrift orientieren."

4. Vorschlag machen
   „Ich habe einen Vorschlag für Sie. Möchten Sie ihn hören? Ich habe Ihren Geschmack durch Ihre Anregungen sehr gut kennengelernt. Auf dieser Basis erarbeite ich einen Gestaltungsvorschlag, der Ihren optischen Vorstellungen möglichst nahe kommt und auf Edelhölzer und Marmor verzichtet."
5. Zustimmung einholen
   „Ist das in Ordnung für Sie?"

Weder servil noch arrogant

Im Umgang mit Kunden ist weder Servilität noch Arroganz gefragt, sondern ein wertschätzender Umgang auf Augenhöhe. Das lässt durchaus deutliche Worte zu, sollte ein Kunde sich ernsthaft danebenbenehmen oder durch grundlose Nörgelei Sonderkonditionen erhaschen wollen: „Ich fürchte, wir können Ihren hohen Ansprüchen nicht genügen. Ich bitte Sie daher, zukünftig woanders einzukaufen/zu übernachten/essen zu gehen."

Strategie oder Manipulation?

„Wertschätzung ist keine Strategie, sie muss echt sein", schreibt der PR-Berater Christian Müller im Februar 2014 in seinem Blog[61]. Wir sind anderer Meinung. Wir halten Wertschätzung und Anerkennung für wichtige strategische Bausteine beim Aufbau gelungener Kundenbeziehungen. Und wir fragen uns, warum „Strategie" und „Echtheit" Gegensätze sein sollen, wie der Autor unterstellt. Wahr ist: Eine Strategie ist durchdacht und geplant, Sache der Ratio. Echte Wertschätzung dagegen kommt von Herzen, sie ist Sache des Gefühls. Doch warum sollten Ratio und Gefühl keine glückliche Verbindung eingehen können? Kann Wertschätzung nur dann echt sein, wenn sie ganz spontan und ungeplant entsteht? Denn echt müssen Wertschätzung und Anerkennung zweifellos sein.

Für uns sind Wertschätzung und Anerkennung eine Frage der Haltung, eine Frage des Menschenbildes und darauf aufbauend eine Frage der Unternehmenskultur. Die Einstellung zum Kunden muss stimmen, damit ihm echte Wertschätzung entgegengebracht werden kann, so viel ist sicher. Um diese grundsätzliche Wertschätzung im oft hektischen Alltag „auf die Straße zu bringen“, braucht es jedoch Planung, kurz: eine Strategie. Sonst geht es im Kundenkontakt wie in einer langjährigen Beziehung, in der beide einander lieben, es jedoch aus alter Gewohnheit versäumen, sich das im Alltag zu zeigen oder zu sagen. So wächst die Gefahr, dass einer der beiden an der Liebe zu zweifeln beginnt und fremdgeht. Genauso werden viele Kunden, die „Wertschätzungszweifel“ bekommen, irgendwann fremdgehen und den Anbieter wechseln.

Kundenwertschätzung = Haltung + Planung

Planen Sie wertschätzende und anerkennende Aktionen systematisch in Ihre Kundenkommunikation ein. Sonst geraten positive Beziehungssignale im Alltag leicht in Vergessenheit!

Ein weiterer häufiger Vorwurf gegen die These von der „Wertschöpfung durch Wertschätzung“ (die ja Kunden und Mitarbeiter, also Vertrieb, Verkauf, Service und Führung gleichermaßen betrifft): Hier werde das Gegenüber manipuliert, sozusagen mit Freundlichkeit eingelullt, um unter dem Deckmantel der Zugewandtheit nur ökonomische Interessen zu verfolgen. Man ist versucht zu fragen, ob es den Kritikern, die Wertschätzung unter Manipulationsverdacht stellen, lieber wäre, wenn Mitarbeiter mit harter Hand zur Leistung gedrillt und Kunden mit nüchterner Freudlosigkeit abgefertigt würden? Denn dass Unternehmen im Kern Wirtschaftsorganisationen zum Zwecke der Gewinnerzielung sind, dürfte den meisten Kunden wie Mitarbeitern wohl klar sein.

Ein Finanzdienstleister hat zwei Standorte, einen in Frankfurt, einen in München. Anfang 2013 wird einer der Frankfurter Geschäftsführer

Vertriebsleiter in München. Die Vertriebsmannschaft dort hat über Jahre ohne nennenswerte Rückmeldung aus der Frankfurter Zentrale vor sich hin gearbeitet. Den Frankfurtern sei es wohl egal, was in München ablaufe, so der Eindruck. Unter dem neuen Vertriebsleiter, der als fairer Chef schon in Frankfurt beliebt war, blüht die Münchner Mannschaft auf, und offenbar ändert sich auch am Umgang mit den Kunden etwas: Binnen eines Jahres steigert sich der Umsatz deutlich.

Einflussnahme durch Freundlichkeit

Heißt das, dass der neue Vertriebsleiter die Mitarbeiter „manipuliert" hat und diese wiederum erfolgreicher in der „Kundenmanipulation" waren? Manipulation hat einen deutlich negativen Grundton. Viele Menschen assoziieren damit „über den Tisch ziehen", „übertölpeln" und andere Formen der Beeinflussung zum Nachteil und ohne Wissen des Adressaten. Dabei ist der Begriff ursprünglich neutral: Er leitet sich her vom lateinischen „manus" (Hand) und „plere" (füllen) sowie vom französischen „manipuler" (handhaben). Im weiteren Sinne der Beeinflussung des anderen durch das eigene Handeln ist ein wertschätzendes Auftreten eine Manipulation (wie jede Form des Handelns in einer Interaktion). Im engeren Sinne einer versteckten Beeinflussung zum Nachteil des Gegenübers sehen wir das nicht. Von einer guten zwischenmenschlichen Atmosphäre und einem freundlichen Umgang profitieren letztlich beide Seiten. Und sollte dahinter in Wahrheit eine finstere, unlautere Absicht stecken, entlarvt sich die freundliche Kulisse über kurz oder lang selbst.

Kundenfeedback ernst nehmen

Wie positiv werden Sie schon heute von Ihren Kunden wahrgenommen? Ein erstes Indiz dafür liefert Ihnen Ihre Empfehlungsquote. Wie häufig empfehlen Kunden Sie weiter, sowohl direkt und mündlich als auch online durch entsprechende Bewertung im Netz? Zur Kundenwertschätzung gehört auch, das Feedback Ihrer Kunden ernst zu nehmen und angemessen darauf zu reagieren. Ein Standarddank und immergleiche Floskeln reichen nicht aus.[63]

Denkanstoß

Wertschätzung und Anerkennung im Kundenservice strategisch verankern
Welche Kundenkontaktpunkte („Touchpoints") gibt es in Ihrem Unternehmen? Wie sind sie gestaltet? Wo gibt es unter den Gesichtspunkten Wertschätzung und Anerkennung Verbesserungspotenzial, zum Beispiel beim Erstkontakt, beim Schriftwechsel oder beim „After-Sales-Service"? Anne M. Schüller, die ein einflussreiches Buch zum Thema „Touchpoints" geschrieben hat, empfiehlt, eine typische Kundenreise auf einer Landkarte bildlich festzuhalten („Touchpoint Journey Mapping") und auf den Prüfstand zu stellen.[62]

Mitarbeiter für Kundenwertschätzung gewinnen

Alles schön und gut, doch Sie haben nicht die Mitarbeiter, um Wertschätzung und Anerkennung im Kundenkontakt durchzusetzen? Dabei ist es im Grunde genommen einfach: Viele Mitarbeiter orientieren sich im Umgang mit Kunden daran, wie ihre Chefs mit ihnen oder den Kunden umgehen.

Die Altenpflege gilt als kräftezehrendes und finanziell wenig attraktives Berufsfeld. Das Institut für Arbeitsmarkt- und Berufsforschung (IAB) stellt fest, bedingt durch die „Ökonomisierung im Gesundheitswesen" seien im Pflegebereich „hohe Fehlzeiten, Fluktuation und vorzeitige Berufsausstiege"[64] kennzeichnend. Die Arbeitsagentur beklagt den Mangel an ausgebildeten Fachkräften.[65] Vor diesem Hintergrund wirkt die NordseePflege wie eine Insel der Seligen. Die Fluktuation im Unternehmen liegt bei unter einem Prozent pro Jahr, der Krankenstand unter 1,9 Prozent, so Geschäftsführerin Gülsen Sariergin. Pro Monat erhält Sa-

riergin bis zu 50 Initiativbewerbungen, und das bei rund 170 Mitarbeitern an verschiedenen Standorten. Sariergin führt die 15-jährige Erfolgsgeschichte ihres Unternehmens darauf zurück, dass das Motto „Mit Herz und Hand" nicht nur den Umgang mit den Patienten prägt, sondern auch die Unternehmensführung. 2015 wurde das mit dem „Gesundheitspreis" der Berufsgenossenschaft BGW prämiert. Sariergin lässt sich die Wertschätzung ihrer Mitarbeiter durchaus etwas kosten: Der ambulante Pflegedienst fährt Mittelklasse statt Kleinwagen, engagierte Mitarbeiter bekommen schon mal ein Wellnesswochenende geschenkt. Entscheidend sind jedoch Eigenverantwortung, Vertrauen und menschliches Klima.

Gute Führung, guter Service

Unternehmenskultur auf der einen Seite und der Umgang mit Kunden, Klienten oder Patienten auf der anderen Seite lassen sich nicht auseinanderdividieren: Innen und außen bilden eine Einheit, wenn Wertschätzung und Anerkennung tatsächlich gelebt werden. Wie soll jemand aufmerksam, respektvoll und empathisch auf Kunden zugehen, der von Kollegen und Vorgesetzen weder Respekt noch Empathie erfährt? So gesehen sind alle Hinweise zu wertschätzender Führung im 4. Kapitel zugleich eine Investition in guten Kundenservice. Sie bilden sozusagen das Fundament für alle weiteren (strategischen) Anstrengungen, die Sie gemeinsam mit Ihren Mitarbeitern für mehr Wertschätzung und Anerkennung im Kundenkontakt unternehmen.

!

Viele Mitarbeiter orientieren sich im Umgang mit Kunden an ihrem Chef – im Guten wie im Schlechten!

Wie spricht der Chef über Kunden?

Neben einem wertschätzenden Unternehmensklima strahlt das Vorbild des Chefs darauf ab, wie Mitarbeiter mit Kunden umgehen. Wer hinter den Kulissen über seine Kunden schimpft, darf nicht überrascht sein, wenn seine Mitarbeiter vorne am Point of Sale den roten Teppich einrollen. Manchem Mitarbeiter ist zudem nicht bewusst, dass sein eigentlicher „Arbeit-Geber" der Kunde ist: Ohne Kunden kein Business, und ohne Business keine Arbeit. Je positiver Sie selbst über Ihre Kunden sprechen und je deutlicher Sie deren Stellenwert für den Unternehmenserfolg betonen, desto höher ist die Wahrscheinlichkeit, dass Mitarbeiter den Kunden mit Wertschätzung begegnen. Außerdem bewährt sich auch bei der Kundenwertschätzung das alte pädagogische Motto, Betroffene zu Beteiligten zu machen. Maßnahmen, die Mitarbeiter selbst mitentwickelt haben, haben eine höhere Umsetzungschance als solche, die „von oben" verordnet werden.

Für Servicequalität sorgen

Service braucht klare Regeln

Anders als viele Kollegen sind wir nicht der Meinung, dass ein gutes Unternehmensklima allein und quasi automatisch für exzellenten Service sorgt, nach dem Motto: „Sei nett zu deinen Mitarbeitern – der Rest ergibt sich." Ein strahlendes Lächeln im Kundenkontakt und gelegentliche Begeisterungsmomente mit besonderen Kundenaktionen genügen nicht. Wenn Basisprozesse nicht klappen und Absprachen nicht eingehalten werden, wird der Kunde das als wenig wertschätzend empfinden. Auch freundliche Desorganisation bleibt Desorganisation und damit für den Kunden ärgerlich. Unser Credo bei Qnigge lautet daher: „Freude an Qualität" durch systematische Erfassung, Optimierung und Dokumentation der Prozesse im Unternehmen, durch praxisorientiertes Qualitätsmanagement also. Service braucht klare Regeln. Das erleichtert nicht nur Ausbildung und Einarbeitung neuer Kollegen, das gibt auch erfahrenen Mitarbeitern die nötige Sicherheit, um souverän und wertschätzend auf Kunden zuzugehen.[66]

Richtig verstanden, das heißt als Methode systematischer Optimierung des Alltagsgeschäfts, schafft Qualitätsmanagement „Freude an Qualität" bei Kunden, Mitarbeitern und Führenden.

Was dagegen das Fehlen eindeutiger Verhaltensregeln bei einem unsicheren Mitarbeiter für Folgen haben kann, zeigt das folgende Beispiel:

An der Rezeption eines Vier-Sterne-Hotels: „War alles zu Ihrer Zufriedenheit?", fragt der Mitarbeiter den Gast beim Auschecken. „Ja, danke. Nur das Bett war mir zu weich", antwortet der Geschäftsreisende. „Das ist ja eher ein Luxusproblem", kontert der Rezeptionist und wünscht eine gute Reise.

Der Gast beschließt, dieses Hotel zukünftig zu meiden. Und er hat dieses Erlebnis schon oft weitererzählt, immer mit Angabe von Name und Standort des Hotels. Die unbedachte Bemerkung eines Mitarbeiters hat das Hotel so möglicherweise um etliche Buchungen gebracht. Eine eindeutige Serviceregel – zum Beispiel „Alle Gästereklamationen werden ernst genommen und schriftlich dokumentiert" – hätte das vermieden. Ein weiteres Beispiel:

Der Kongressveranstalter bittet alle Vortragenden, ihre PowerPoint-Präsentation spätestens zwei Wochen vor dem Veranstaltungstermin zuzumailen. Das gewährleiste, dass die Präsentation durch einen Techniker installiert werden könne. Doch der Vortragende findet auf der Veranstaltung weder Technik noch die zuvor verschickte Präsentation vor. Das ist einfach unnötig und löst Stress aus.

Auch dies ist ein typisches Beispiel für einen Serviceprozess, der nicht klappt – ebenso banal wie ärgerlich. Der Vortragende erinnert sich später noch gut an die Hektik, er fühlte sich durch die Nachlässigkeit des Veranstalters wenig wertgeschätzt. Das kleine Präsent am Ende seines Vortrags machte das nicht wieder wett. Auch hier fehlen (Organisations-)Regeln, beispielsweise in Form einer Checkliste.

Exzellenter Service = durchdachter Service

Glücklicherweise ist Deutschland inzwischen längst nicht mehr die Servicewüste, die noch vor zwanzig Jahren beklagt wurde. Es gibt viele exzellent organisierte und durchdacht geführte

Unternehmen, deren Mitarbeiter gekonnt auf die Bedürfnisse ihrer Kunden eingehen, wie im folgenden Fall:

Das Paar bestellt im Hotel zum Frühstück jeweils einen Latte Macchiato, sie laktosefrei, er „normal". Als die Servicekraft die Getränke bringt, serviert sie den laktosefreien Kaffee, ohne eine Sekunde zu zögern, mit einem „... und hier der laktosefreie!" Die Reisende sieht, dass der Milchschaum mit einem „L" aus Kakao bestäubt und eine Verwechslung somit ausgeschlossen ist – eine große Erleichterung für die Betroffene, denn ein Fehler hätte unangenehme Folgen für sie und kommt gleichwohl immer wieder vor.

Hinter diesem Service steckt ein geordneter Prozess, der die Verwechslungsgefahr auf einfache Art und Weise bannt. Hohe Servicequalität entsteht, wenn die Summe der Prozesse, die in jeder Organisation tagtäglich anfallen, durchdacht, optimal gestaltet und Mitarbeitern überzeugend vermittelt wurde. Das gilt für ein Hotel oder ein Restaurant ebenso wie für den Einzelhandel oder ein Krankenhaus, für kleine Prozesse wie die Kennzeichnung eines Kaffees ebenso wie für umfassende Prozesse wie die telefonische Annahme einer Bestellung oder die Beratung eines Kunden durch einen Handwerker.

Hohe Servicequalität ist nichts anderes als Wertschätzung von Kundenbedürfnissen.

Damit Kunden darüber hinaus persönliche Wertschätzung entgegengebracht werden kann, müssen die Standardprozesse klappen. Denn nur wenn Mitarbeiter genau wissen, was im Alltagsgeschäft zu tun ist und wie es zu tun ist, haben sie die zeitliche wie mentale Kapazität, persönlich wertschätzend auf Kunden einzugehen. Auch hierfür ein Beispiel:

Der Hotelgast ist beim Skilaufen gestürzt und hat seitdem Schmerzen im Knie. Er fragt an der Rezeption nach einem Arzt. Drei Tage später hat dieselbe Mitarbeiterin Dienst, als er den Schlüssel am Empfang abgibt. „Wie geht es Ihrem Knie, Herr ...?", erkundigt sie sich freundlich.

Eine Erfolgsspirale in Gang setzen

Ein empathisches Eingehen auf den Einzelnen – persönliche Wertschätzung – basiert auf souveräner Beherrschung des Tagesgeschäfts und damit auf gut organisierten Prozessen. Je sicherer ein Mitarbeiter in dem ist, was er tut, desto aufmerksamer kann er sich einem Kunden oder Gast zuwenden. Wer selbst unter Druck steht oder sich unsicher fühlt, ist dazu kaum in der Lage. Wie ein Unternehmen durch Optimierung und Dokumentation von Prozessen, durch klare Standards, Ablaufpläne und Checklisten die Grundlagen für sehr guten Service legt, lesen Sie ausführlich in „Gut ist nicht genug"[67]. Der Aufwand lohnt sich, denn Kunden, die sich wertgeschätzt fühlen, kommen immer wieder. Und dieses positive Feedback der Kunden wirkt sich unweigerlich positiv auf Mitarbeiterzufriedenheit und Unternehmensklima aus. So entsteht eine Erfolgsspirale der Wertschätzung und Anerkennung! Tun Sie einfach den ersten Schritt. Gleich jetzt!

Auf einen Blick

- Kaufentscheidungen fallen überwiegend emotional. Wir kaufen dort, wo man uns ein gutes Gefühl gibt.
- Kunden, die sich nicht wertgeschätzt fühlen, geben ihr Geld über kurz oder lang anderswo aus.
- Kundenwertschätzung lebt (wie jede Form der Wertschätzung) von Aufmerksamkeit, Respekt, Höflichkeit, Toleranz und Empathie.
- Mit Ausnahme von gönnerhaftem Lob und belehrendem Tadel lassen sich alle Spielarten der Anerkennung im Kundenkontakt einsetzen: Urkunden und Medaillen, materielle Anerkennung, Mitgestaltung, Dank, Bewunderung

und Komplimente, positives Feedback und konstruktive Kritik.

- Lösungsorientierte, mit Bedacht formulierte Kritik an Kundenverhalten oder -vorstellungen zeugt von Professionalität.
- Kundenwertschätzung und -anerkennung als Bausteine der Vertriebsstrategie verlangen eine wertschätzende Haltung und eine strategische Maßnahmenplanung gleichermaßen.
- Mitarbeiter lassen sich für Kundenwertschätzung und -anerkennung gewinnen, wenn sie selbst Wertschätzung und Anerkennung erfahren, wenn der Chef ein gutes Vorbild im Kundenkontakt ist und wenn sie die Umsetzung mitgestalten können.
- Neben wertschätzender Führung erfordert exzellenter Service klare Regeln. Die Basisprozesse müssen stimmen, damit ein wertschätzender persönlicher Umgang mit dem Kunden möglich wird.

7 Resümee: Die zehn wichtigsten Impulse für mehr Anerkennung und Wertschätzung

Es ist immer ein Wagnis, den Inhalt eines ganzen Buches auf wenige Seiten zu komprimieren. Wir wollen es trotzdem versuchen. In der Rückschau, nach vielen Wochen intensiver Arbeit, möchten wir Ihnen die folgenden Botschaften mit auf den Weg geben:

1 Beziehung geht vor Inhalt. Immer!

Als soziale Wesen sind wir auf Wertschätzung und Anerkennung anderer angewiesen. Jede Beziehung, die das missachtet, ist getrübt und führt zu Problemen, gleichgültig, ob es sich um Eltern und Kinder, Lebenspartner, Chefs und Mitarbeiter oder Verkäufer und Kunden handelt.

2 Geben ist seliger als Nehmen.

Die Klage über Mangel an Wertschätzung und Anerkennung ist verbreitet; der Versuch, selbst gegenzusteuern, wird seltener unternommen. Doch die wirksamste Strategie für positivere Beziehungen ist, selbst den ersten Schritt zu tun.

3 Weiche Faktoren schaffen harte Fakten.

Die Wirkung von Anerkennung und Wertschätzung am Arbeitsplatz lässt sich messen, sie zahlt sich in Heller und Pfennig aus: in weniger Fehltagen, geringerer Fluktuation, weniger Qualitätsmängeln und höherer Produktivität.

4 Es braucht beides: Haltung und Hinsehen.

Wertschätzung entspringt einer humanistischen Grundhaltung, die den Wert jedes Menschen schätzt. Anerkennung dagegen ist eine Reaktion auf konkrete Verdienste und Verhaltensweisen.

5 Echte Wertschätzung stellt keine Bedingungen.

Jemandem wertschätzend zu begegnen, der uns sympathisch ist, unsere Wünsche erfüllt und keine lästigen Fragen stellt – das ist keine Kunst. Echte Wertschätzung beginnt da, wo es schwierig wird.

6 Echte Anerkennung erfolgt auf Augenhöhe.

„Was mich beeindruckt hat ...“ ist die Perspektive echter Anerkennung. Sie macht den anderen groß. „Das haben Sie gut hingekriegt“ ist dagegen der Blickwinkel des Lobs. Es macht den anderen klein (es sei denn, es kommt von einer Person, die wir als fachliche oder menschliche Autorität uneingeschränkt anerkennen).

7 Führung gut, alles gut.

Der Schlüssel zu einer Wertschätzungskultur im Unternehmen ist wertschätzende Führung. Was Führungskräfte vorleben, wie sie mit Mitarbeitern umgehen, wie sie auf Ignoranz, Missachtung, Mobbing reagieren, all das prägt die Unternehmenskultur entscheidend.

8 Anerkennung ist Motivationsdünger.

Nur einmal im Jahr düngen reicht nicht! Vertagen Sie Anerkennung nicht auf Jahres- und Zielgespräche: Schauen Sie genau hin und sprechen Sie Verdienste und Erfolge zeitnah an.

9 Interne und externe Beziehungen sind nicht zu trennen.

Kundenwertschätzung und Mitarbeiterwertschätzung, Anerkennung für Kunden und Anerkennung für Mitarbeiter gehören zusammen. Denn viele Mitarbeiter orientieren sich im Umgang mit Kunden an ihrem Chef – im Guten wie im Schlechten!

10 Die Basis muss stimmen, damit der Überbau gelingt.

Solide Prozesse, klare Standards, eindeutige Zuständigkeiten, das ist das Fundament einer Servicekultur, die gelebte Kundenwertschätzung erst möglich macht.

Anmerkungen

1 Stepstone 2005
2 vgl. https://dunie.verdi.de/
3 Cornelsen Verlag; vgl. www.presseportal.de/pm/25438/2697118
4 vgl. www.rbb-online.de/politik/beitrag/2014/11/studie-berliner-polizisten-geringschaetzung-frustration.html
5 Lohaus et al. 2013
6 McKinsey 2011, S. 6
7 alle Daten: Gallup 2014, S. 11, 18, 19, 34, 42, 44
8 www.scheidung.de
9 Strohschein 2015, S. 93
10 Düweke 2008, S. 80
11 Deci et al. 1999
12 vgl. Frederickson/Losada 2005
13 Kraftwerk Anerkennung 2013
14 vgl. www.greatplacetowork.de; das ist auch unser Ansatz.
15 Zeit Wissen 4/2013, „Süchtig nach Anerkennung"
16 Psychologie heute 7/2011, S. 60
17 Siegrist 2012
18 „Burn-out: Gesundheitsrisiko Mutterschaft", Spiegel online vom 03.09.2014
19 www.wissen.de
20 vgl. beispielsweise Dr. Doris Wolf unter www.partnerschaft-beziehung.de
21 Grün 2015, S. 18 und S. 55
22 Borbonus 2014, S. 13
23 Knigge, aus der Vorrede zur 3. Auflage von 1790
24 Strohschein 2015, S. 58
25 Grün 2015, S. 9
26 Strohschein 2015, S. 33
27 vgl. Lehky 2011, S. 118 f.
28 Zur Fragwürdigkeit des Konzeptes der „Generationen „X", „Y" und „Z" vgl. zum Beispiel Prof. Dr. Peter Kruse in einem Vortrag mit dem Titel „Führung und Arbeit im Wandel", im Internet unter www.youtube.com/watch?v=dst1kDHJqAc.
29 Hier die Links:
www.psychologie.tu-dresden.de/i2/klinische/psychotherapie_materialien/ 15_Fragebogen_Selbstsicherheit.pdf
www.diag.psychologie.tu-darmstadt.de/forschung_16/studienportal/aktuelle_studien_1/online_studie__selbstwert/online_studie_selbstwert_1.de.jsp
www.palverlag.de/Selbstwertgefuehl_Test.php
30 in Anlehnung an Reiss 2009, S. 39
31 Reiss 2009, S. 54
32 Reiss 2009, S. 207 ff.
33 www.randomhouse.de/content/attachment/webarticle/7_lothar_seiwert_reissprofile_40628.pdf
34 vgl. Myers 2014, S. 300
35 zum Kritikgespräch vgl. zum Beispiel Kratz 2012, S. 54 ff.
36 Gabler Wirtschaftslexikon

37 vgl. Schein 2010
38 vgl. Buckingham/Coffman 2001, S. 28
39 Gallup 2014, S. 25 f.
40 „Der Upstaalsboom Weg“; im Internet unter https://vimeo.com/77430089
41 Schwartz 2012
42 vgl. Blanchard et al. 2005
43 Quelle: www.harvardbusinessmanager.de/blogs/a-805206.html
44 Kraftwerk Anerkennung 2013
45 vgl. „Unternehmensleitbild“ im Gabler Wirtschaftslexikon und „Leitbild“ im Online-Verwaltungslexikon olev.de
46 vgl. www.am-dritten.de
47 vgl. www.iaw-koeln.de/images/doc/Wertschaetzungs-Index_Deutschland_Web.pdf
48 Michalke 2009, S. 4
49 Quelle: http://meedia.de
50 Voswinkel 2009, S. 2
51 Sichler 2010, S. 3 und S. 5
52 vgl. www.feedback2you.qnigge.de
53 Voswinkel 2009, S. 9
54 Grün 2015, S. 37
55 Niermeyer/Seyffert 2011, S.75
56 Trost 2015, S. 30, 32
57 Strohschein 2015, S. 227
58 Schüller in: www.perspektive-blau.de
59 Weidner 2013
60 AHGZ vom 30.08.2014
61 www.sozial-pr.net
62 Schüller 2013, S. 4
63 Mehr zum Thema Kundenfeedback lesen Sie in Markus F. Weidners Buch „Gut ist nicht genug“, S. 162 ff.
64 www.iab.de R IAB-Infoplattform
65 „Der Arbeitsmarkt in Deutschland – Altenpflege“, März 2015
66 vgl. Weidner 2013, Weidner 2015
67 Weidner 2013

Literaturhinweise

Borbonus, René: *Respekt! Wie Sie Ansehen bei Freund und Feind gewinnen.* Berlin: Econ, 8. Aufl. 2014.

Blanchard, Kenneth / Zigarmi, Patricia / Zigarmi, Drea: *Der Minuten-Manager: Führungsstile.* Reinbek bei Hamburg: Rowohlt, 3. Aufl. 2005.

Buckingham, Marcus / Coffman, Curt: *Erfolgreiche Führung gegen alle Regeln. Wie Sie wertvolle Mitarbeiter gewinnen, halten und fördern.* Frankfurt am Main: Campus 2001.

Clement, Wolfgang (Hrsg.): *Top Job 2015: Wertschätzer.* München: Redline 2015.

Deci, Edward L. / Ryan, Richard M. / Koestner, Richard: *A Meta-Analytic Review of Experiments Examining the Effects of Extrinsic Rewards on Intrinsic Motivation.* In: Psychological Bulletin 1999, Vol. 25, No. 6, pp. 627–668.

Düweke, Peter: *Anerkennung. Ohne sie geht gar nichts! Wie Respekt und Wertschätzung unser aller Leben bestimmen.* Düsseldorf: Patmos 2008.

Fredrickson, Barbara / Losada, Marcial: *Positive Affect and theComplex Dynamics of Human Flourishing.* In: American Psychologist, Vol. 60, No. 7, pp. 678–68.

Gabler Wirtschaftslexikon. Im Internet unter wirtschaftslexikon.gabler.de.

Gallup GmbH: *Engagement Index Deutschland 2014* (Download im Internet unter www.gallup.com/de → Präsentation zum Engagement-Index). Darin enthalten ist auch die Meta-Analyse 2012.

Grün, Anselm: *Wertschätzung. Die inspirierende Kraft der gegenseitigen Achtung.* Münsterschwarzach: Vier-Türme-Verlag, 2. Aufl. 2015.

Klejbor, Marc: *Rituale der Wertschätzung. 37 Erfolgswege, um die Herzen Ihrer Mitarbeiter zu erobern.* Eschweiler: Marc Klejbor Erfolgsimpulse Verlag 2014.

Kraftwerk Anerkennung OG: *Umfrage Anerkennungskultur in unserer Wirtschaft.* Ergebnisse 2013 (Download im Internet unter http://de.kw-a.com/page/annerkennungskultur-umfrage).

Kratz, Hans-Jürgen: *Richtiges Feedback.* Offenbach: GABAL, 4., überarbeitete Aufl. 2012.

Lehky, Maren: *Leadership 2.0. Wie Führungskräfte die neuen Herausforderungen im Zeitalter von Smartphone, Burnout und Co. managen.* Frankfurt am Main: Campus 2011.

Lohaus, Daniela / Rietz, Christian / Haase, Sandra: *Talente sind wählerisch – was Arbeitgeber attraktiv macht.* In: Wirtschaftspsychologie aktuell, 3/2013, S. 12–15.

Maas, Marie-Charlotte: *Feel-Good-Manager: Stimmung, Kollegen!* In: Die Zeit 31/2013 vom 10.08.2013 (im Internet unter www.zeit.de).

McGregor, Douglas: *The Human Side of Enterprise.* Columbus, OH: McGraw-Hill 1985 (1. Aufl. 1960).

McKinsey Deutschland: *Wettbewerbsfaktor Fachkräfte. Strategien für Deutschlands Unternehmen.* Berlin: McKinsey Deutschland 2011 (Download im Internet unter www.mckinsey.de).

Michalke, Achim: *Unterschätzt? Die Bedeutung der Wertschätzung in der Arbeitswelt* (2009). Download im Internet unter www.ostfalia.de/export/sites/default/de/pws/michalke/unternehmensfuehrung/Wertschaetzung.pdf.

Myers, David G.: *Psychologie*. Berlin: Springer, 3., vollständig überarbeitete und erweiterte Aufl. 2014.

Niermeyer, Rainer / Seyffert, Manuel: *Motivation*. Freiburg: Haufe Lexware 2011.

Reiss, Steven: *Das Reiss Profile. Die 16 Lebensmotive. Welche Werte und Bedürfnisse unserem Verhalten zugrunde liegen*. Offenbach: GABAL 2009 (zit. n. der E-Book-Ausgabe 2014/epub).

Schein, Edgar H.: *Organisationskultur – "The Ed Schein Corporate Culture Survival Guide"*. Bergisch Gladbach: EHP, 3. Aufl. 2010.

Schüller, Anne M.: *Die Touchpoint-Analyse: Ein Navigationssystem für den Markterfolg* (2013). Download im Internet unter www.touchpoint-management.de.

Schwartz, Thomas: *Durch Wertschätzung zur Wertschöpfung. Wirtschaftsethische Überlegungen zur Mitarbeiterführung* (Vortrag 2012). Download im Internet unter www.agv-vers.de/uploads/tx_seminars/Prof.Dr.Thomas_Schwartz_Ueberlegungen_Mitarbeiterfuehrung.pdf.

Sichler, Ralph: *Anerkennung im Kontext von Arbeit und Beruf*. In: Journal für Psychologie, Jg. 18 (2010). Download im Internet unter: www.journal-fuer-psychologie.de/index.php/jfp/article/view/71/174.

Siegrist, Johannes: *Gratifikationskrisen am Arbeitsplatz und ihre Folgen* (Vortrag auf dem 11. DGPPN-Hauptstadtsymposion, Berlin 07.03.2012). Download im Internet unter www.dgppn.de.

Stepstone (2005): „*Wie wertvoll ist Arbeit? Wenig Anerkennung in deutschen Unternehmen.*“ Im Internet unter www.stepstone.de/Ueber-StepStone/presse/wie-wertvoll-ist-arbeit-wenig-anerkennung-in-deutschen-unternehmen.cfm.

Strohschein, Barbara: *Die gekränkte Gesellschaft. Das Leiden an der Entwertung und das Glück durch Anerkennung.* München: Riemann 2015.

Trost, Armin: *Das jährliche Mitarbeitergespräch: Ausgeredet.* In: managerSeminare Heft 211/Oktober 2015, S. 28 ff.

Voswinkel, Stephan: *Anerkennung – was ist das?* (Vortrag 2009). Download im Internet unter www.stephan-voswinkel.de/Aktuelles/Voswinkel-Anerkennung-was_ist_das_.pdf.

Weidner, Markus F.: *Der Einsatz des Reiss Profiles beim Aufbau eines internen Qualitätsmanagements am Beispiel einer Hotelkette.* In: Brand, Markus / Ion, Frauke (Hrsgg.): *Die 16 Lebensmotive in der Praxis. Training, Coaching und Beratung nach Steven Reiss.* Offenbach: GABAL 2011, S. 308 ff.

Weidner, Markus F.: *Gut ist nicht genug. Das Qnigge®-Prinzip oder warum Service klare Regeln braucht.* Offenbach: GABAL 2013.

Weidner, Markus F.: *Regeln sind das Rückgrat.* In: Allgemeine Hotel- und Gastronomiezeitung (AHGZ), Nr. 10 vom 07.03.2015, auch im Internet unter www.ahgz.de.

Weidner, Markus F.: *War alles zu Ihrer Zufriedenheit?* In: Allgemeine Hotel- und Gastronomiezeitung (AHGZ), Nr. 39 vom 26.09.2015, auch im Internet unter www.ahgz.de.

Über die Autoren

Hannelore Weidner ist Trainerin und Mitgesellschafterin der Qnigge® GmbH – Freude an Qualität und verantwortet heute den Bereich Vertrieb und Marketing der Qnigge® Akademie. Die gelernte Bankkauffrau und diplomierte Finanz- und Leasingwirtin war über 30 Jahre in der Finanz- und Automobilwirtschaft und als Führungskraft tätig. Mit ihrem ganzheitlichen Denk- und Handlungsansatz verbindet sie abteilungsübergreifend Menschen und Aufgaben. Der wertschätzende Kontakt zu Mitarbeitern, Kunden und Menschen, die ihr begegnen, war und ist ihr ein Anliegen. Ihre Botschaft: Servicebegeisterung und Anerkennung bedingen sich! Anerkennung motiviert zu gutem Service und Serviecebegeisterung schafft Anerkennung.

Markus F. Weidner ist Gründer der Qnigge® GmbH und der Qnigge Akademie, Keynote-Speaker, Trainer, Autor und Experte, wenn es um das Thema „Freude an Qualität“ geht. Seine Erfahrungen sammelte er während seiner langjährigen Tätigkeit in Abteilungsleiter- und Direktionsfunktionen der nationalen und internationalen Hotellerie, in der Veranstaltungs- und Weiterbildungsbranche, zuletzt als Vorstand eines weltweit aktiven Beratungsunternehmens. In Seminaren, Trainings und Vorträgen begeistert er die Teilnehmer mit Freude und Leidenschaft für das Thema Service- und Führungsqualität. Er ist ein Befürworter von Werteorientierung, klaren Regeln im Service und transparenter, wertschätzender Führungskultur, getreu seinem Credo und Buchtitel seines ersten Buches: „Gut ist nicht genug“.

GABAL
WH!TEBOOKS

Whitebooks

Kompetentes Basiswissen für Ihren beruflichen und persönlichen Erfolg.

Lothar Seiwert
Zeit zu leben

ISBN
978-3-86936-635-7
D € 19,90
A € 20,50

Josef W. Seifert
Besprechungen erfolgreich moderieren

ISBN
978-3-86936-639-5
D € 17,90
A € 18,50

Hans-Georg Willmann
Erfolg durch Willenskraft
ISBN 978-3-86936-638-8
D € 19,90 / A € 20,50

Peter Brandl
Kommunikation
ISBN 978-3-86936-636-4
D € 19,90 / A € 20,50

Katja Porsch
Verkaufsprofiling
ISBN 978-3-86936-637-1
D € 19,90 / A € 20,50

Stefanie Demann
Selbstcoaching für Führungskräfte
ISBN 978-3-86936-603-6
D € 19,90 / A € 20,50

Katja Ischebeck
Erfolgreiche Trainingskonzepte
ISBN 978-3-86936-602-9
D € 29,90 / A € 30,80

S. Richter-Kaupp, G. Braun, V. Kalmbacher
Business Coaching
ISBN 978-3-86936-600-5
D € 24,90 / A € 25,60

E-Book **Alle Titel auch als E-Book erhältlich**

gabal-verlag.de